girl

女孩，你要懂得保护自己

蔡万刚◎编著

国家一级出版社 中国纺织出版社 全国百佳图书出版单位

内容简介

常言道：三岁看大，七岁看老。孩子尽管还小，但是童年的生活和性格品质的养成，却会对孩子的一生都起到至关重要的影响作用。因而，不管是父母教养年幼的孩子，还是孩子随着不断地成长已经拥有强烈的自我意识，而且对于自己的成长和发展也有了一定的见解，孩子都应该以培养自己优秀的品质作为首要的任务。

本书从儿童心理学的角度出发，认真分析了不同年龄阶段的孩子在成长和发展的过程中会面临怎样的困惑，也卓有成效帮助孩子们端正心态，悦纳自己，接受人生的坎坷泥泞，从而给予孩子更大的成长空间。所谓十年树木，百年树人，孩子们唯有立根扎实，才能真正成长为从参天大树，也给予人生无限的成功可能性。

图书在版编目（CIP）数据

女孩，你要懂得保护自己／蔡万刚编著. —北京：中国纺织出版社，2019.1 （2023.8重印）

ISBN 978-7-5180-5779-5

Ⅰ.①女… Ⅱ.①蔡… Ⅲ.①女性-安全教育-青少年读物 Ⅳ.①X956-49

中国版本图书馆CIP数据核字（2018）第279323号

责任编辑：闫　星　　特约编辑：李　杨　　责任印制：储志伟

中国纺织出版社出版发行

地址：北京市朝阳区百子湾东里A407号楼　邮政编码：100124

销售电话：010-67004422　传真：010-87155801

http：//www.c-textilep.com

E-mail：faxing@c-textilep.com

中国纺织出版社天猫旗舰店

官方微博http：//weibo.com/2119887771

三河市延风印装有限公司印刷　　各地新华书店经销

2019年1月第1版　　2023年8月第13次印刷

开本：710×1000　1/16　印张：13

字数：165千字　定价：39.80元

前言

谨以此书，献给所有正在成长过程中的女孩，希望能够通过此书增加你的安全意识，为你的人生添砖加瓦。这本书中所讲到的安全常识，既有人生成长过程中面临的“思想安全”，也有独自出门在外你需要注意的“生理安全”。毕竟，人生从来都不是一场轻松的旅行，身为女子，我们只有为己则刚。

每天，我们都会遇到很多的问题，也会回答许多的问题。当有人问你，人生之中什么才是你最重要的东西，你的回答会是什么？是爱情？幸福？生命？还是事业？金钱？我相信，答案因人而异，会有很多。但标准答案只有一个，就是任何人都会赞同——生命安全。

从小到大，我们追求的东西有很多——学习成绩、专业技能、社会实践等，在所有我们刻意追求的事物中，“安全”是最重要却也是最容易被忽略的。人心总是不易满足，人性总是充满遗忘，只有当那“万一”发生在自己身上时，我们才会注意到：对于每一个独立的个体来说，对于一个家庭来说，对于深爱我们的亲人朋友来说，这个“万一”就是“一万”。因此，“注重安全，珍惜生命”应当是我们时刻需要牢记在心的常识。任何人都明白，假如没有了生命，我们所拥有的一切都将是海市蜃楼、水中捞月。尽管我们都明白，却依然忍不住心存侥幸；尽管我们都清楚，却依然假装自己如同拥有万能的神庇佑，仿佛这世间所有的安全隐患都与自己无关，直到现实无情地将我们叫醒；尽管我们都了解安全问题的发生所带来的巨大伤痛，然而在没有亲

身经历之前，却总是舍不得将时间花费在学习保护自己身上，直到不幸突至，如临深渊。此时，却是任何后悔药都没有了。因此，增强保护意识，学会保护自己应当是人生中的重中之重。

的确，安全对于我们每个人来说都是如此重要：安全是我们生命之初承载一切希望的背脊，没有了生命安全的支撑，一切努力都是徒然的；安全是我们通往成功彼岸的桥梁，凡事只有在确保安全的前提下，才能到达成功的彼岸，才能享受到成功的喜悦；安全是培养人生幸福的乐土，只有在这片肥沃的土地上，幸福之花才有可能绽放在我们的旅途之中。

生命健康，不论对于任何一个人、在任何一种情况下，都应该被摆放在人生中至关重要的一个位置。不同于男孩的先天条件，女孩相对而言的特殊天性使得我们更应注意提高自身的安全意识。“千里之提，溃于蚁穴”，这句千古名言可以告诉我们这样的真理：很多人生中的大事都起源于生活中一些不经意间的小事。很多小事在一开始的时候看似简单，但若没有多加注意，便像一根导火索，最终会引发成家破人亡、无法补救的大事。比如安全问题，在没有任何极端情况出现以前，它只是一个并不起眼却是隐患的小问题，如果没有及时消除，最终就会遭到十几倍甚至几十倍的反噬，从而演变成无法逆转的人生悲剧。因此，亲爱的姑娘，我们需要学会很好地保护自己。

如果你是一名独立的女孩，刚刚脱离父母的保护进入社会，那么你应当来看这本书，学会保护自己；如果你是一位家长，那么邀请您静下心来品读，为您孩子的安全保驾护航；如果您觉得身边有珍惜的好友需要提高安全意识，那么恳请您将此书馈赠予她，让她了解您真诚为她的善良之心。

编　者

2018年5月

目录

第1章　成长路上，女孩要学会保护自己……001

拥有保护意识，比拥有保护技巧更重要……002

与熟悉的人开展安全练习……005

生命，永远排在第一位……008

学会拒绝，保护自己的合法权益……010

保护自己，做自己的守护者……013

远离安全干扰，回归安全生活……015

面对意外，要从容自若……018

第2章　提升自我保护能力，过平静安心的校园生活……021

校园霸凌……022

正确区分友情与爱情……024

如何与男生保持友谊……027

不留宿任何同学家中……029

稳重对待异性，避免与异性独处……032

提高警惕，老师中也有“色狼”……034

对于无事献殷勤的人要小心…………037
木秀于林，风必摧之…………040

第3章 女孩要有防范意识，避免被“大灰狼”盯上…………043

言行得体，才能获得异性尊重…………044
从正当渠道了解性知识…………047
坚决拒绝异性的性要求…………049
女孩需要学点儿防身术…………052
遇到色狼，要机智应对…………054
不与父亲以外的任何异性单独相处…………057

第4章 做一个剔透的女孩，别被周围的假象所蒙蔽…………061

见面识人，对人要有初判断…………062
机智策略，不被谎言欺骗…………064
感情，是人世间最美好的表达…………067
路遥知马力，日久见人心…………070
不要被第一印象所蒙蔽…………072
用心判断，眼见也不一定为实…………075

第5章 女孩要做快乐的自己，别被坏心情绑架…………079

心胸开阔，远离针尖大的“小心眼”…………080
远离“嫉妒”的邪恶之火…………083

控制自己，驾驭不良情绪……085
战胜羞怯，成就落落大方的自己……088
不虚荣，才能找回真实的自己……091
青春年少，友谊是命运最好的馈赠……094

第6章　不可避免的社会历练，坚决守住做人的底线……097

不要随便与陌生人说话……098
面对异性的追求，要擦亮眼睛……100
如何保证搭乘出租车的安全……103
远离那些鱼龙混杂的娱乐场所……105
野外徒步，只能与家人进行……108
第一次约会，慎重选择约会地点……110

第7章　突发情况不用慌，冷静机敏不上当……113

记住，贪小便宜吃大亏……114
火眼金睛认出小偷，想方设法避开小偷……116
避免激怒坏人……119
警惕充满善意的“好人”……122
了解传销，才能避免误入传销组织……124
那些不可不知的紧急求救电话（110、119、120、122）……127
遭遇抢劫等意外，如何机智应对……129
遇到难题，向父母和老师求教……132
即使犯了错，也不要被他人胁迫……134

第8章　谨慎对待陌生人，拒绝诱惑不受骗……………………139

“送人回家”是个陷阱……………………………………………140

管好嘴巴，不要向陌生人透露信息……………………………142

不给陌生人开门，守好安全的大门……………………………145

来路不明的东西，拒绝吃喝……………………………………147

不要上陌生人的车………………………………………………150

警惕陌生人的搭讪，不轻信陌生人……………………………153

第9章　走好青春每一步，成长路上不迷失……………………157

爱，要在恰好的时候去表达……………………………………158

正确拒绝异性的示好……………………………………………161

身体需要安全的距离……………………………………………163

初吻，你要献给谁………………………………………………166

不要因为追星而失去自我………………………………………169

成长中，坚决抵制性侵害………………………………………171

离家容易回家难…………………………………………………173

面对性生活，女孩必须保护好自己……………………………176

第10章　网络骗局花样多，理智对待躲灾祸…………………179

校园网贷，你不可不知的大坑…………………………………180

网络交友，危险几何……………………………………………182

网友见面谨防上当 …………185
网络上的各大陷阱 …………187
警惕微信中的新骗局，你造吗 …………190
网络不是净土，戴好你的防毒面具 …………192
不知不觉间，网络犯罪就会来到你身边 …………195

参考文献 …………198

第 1 章

成长路上，女孩要学会保护自己

“保护自己”不论在任何时候，都是一个永远正确的观点。当危险来临之时，所有的财富、地位、容貌、名声都是浮云。因为有了生命才能拥有这一切，当生命失去的时候，无论再多的财富、再美的容颜、再好的名声都将化为乌有。很多时候，并不是我们不懂得安全的重要性，而是不懂得如何保证自己的安全。因此，需要有人教我们如何才能保护自己。成长的路上，学会保护自己，第一课便是拥有保护意识。

拥有保护意识，比拥有保护技巧更重要

常言道：“不怕一万，就怕万一。”许多事情在开始发生的时候，或是由于目光短浅，或是由于经验缺失，对于绝大多数人而言的多数时刻，我们都不会认为是多么严重的一个危机，但是往往正是我们的浑然不觉，导致任其发展，事情才会越发严重，最终不可收拾、一败涂地，造成非常严重的后果。

查看近年来发生的很多新闻事件，我们都可以发现：最容易在我们身边发生的往往不是许多遥不可及的危险，反而是在不经意间，我们并不认为会是危险的存在，最终却由于自己的疏忽而酿成悲剧。唯物主义哲学观念告诉我们：物质决定意识，意识却对物质有着最关键的指导意义。并不是所有发生安全问题的人都是毫无任何格斗经验的普通市民，很多武术高手也会发生意外。因此，时刻保持安全警觉，拥有保护意识，比拥有保护技巧更为重要。

菲力是一个有着一双迷人眼睛的5岁小女孩。有一天，她跟随妈妈去医院看望生病的老爷爷。回去的时候，在医院的走廊上，妈妈遇到一个相熟的朋友，便停下来聊天。菲力感觉很无聊，不一会儿，她就被前方热闹的人声吸引了。于是，菲力趁妈妈不注意，一个小跑蹿到了前面，她看到很多护士阿姨正聚在一起讨论着什么。她被护士阿姨们漂亮的服装吸引了，想走近看得更清楚一点，就跟着一位护士阿姨越走越远，离开了妈妈的视线。而妈妈此刻跟朋友聊得正高兴，丝毫没有注意到菲力已经走远了。

这时，有一位面色慈祥的中年男人笑眯眯地看着菲力，对她说："小朋友，叔叔迷路了，你可以帮我领路吗？"菲力想起老师曾经教导过他们要助人为乐，快乐会成为两倍。于是，善良的菲力满心欢喜，高兴应答。但是这位叔叔想要去的地方菲力却并不认识，于是菲力礼貌地回复："不好意思，我并不认识那里。"这位叔叔却并不死心，又对菲力笑眯眯地说："小朋友，叔叔害怕打针，你可以跟我一起去看医生壮胆吗？"菲力觉得很奇怪，因为她想起妈妈曾经告诉过她的话："一个人需要寻找帮助的时候，一定会去向一个可以给他提供帮助的人寻求帮助，一个成年人绝对不会向小朋友寻求帮助。"于是，菲力坚决地跟这位中年男子说："对不起，叔叔，我要跟我妈妈一起回家了，不能陪你去了。"机智的菲力有点害怕了，赶紧往回跑去寻找妈妈。此时，妈妈发现菲力不见了，也正在焦急地寻找菲力。

菲力将遇到的事情详细地告诉了妈妈，妈妈发觉这件事情没有那么简单，于是就联系了警方以及医院的保卫科。最终证实，那位中年男子就是警方一直在寻找的人贩子。每当菲力的妈妈回想起这件事情时，就感到一阵阵后怕，如果不是平时看到相关新闻的时候顺嘴告诉过菲力，那么，很有可能，这次她就会失去可爱的菲力了。

上述案例中的菲力正是听从妈妈的安全教导，在遇到陌生人寻求帮助的时候才会多留一个心眼，向认为奇怪的要求勇敢拒绝才保护了自己。大热的韩国电影《素媛》同样也讲述了一个儿童遭遇危险的故事，

然而正是由于安全意识的缺乏，造成的结果却是天壤之别——主人公素媛也是一个漂亮善良的5岁小女孩。有一天，素媛背着小书包准备出去上学，这时，外面下起了雨，妈妈拿出一把黄色的小雨伞叮嘱素媛要走大路去上学。活泼的素媛在上学的路上走了一条小路，遇到了一个没有雨伞的大叔。大叔问素媛能不能把她的雨伞借给他一起挡雨，素媛看到大叔被雨水淋湿的头发觉得大叔很可怜，于是，善良的素媛答应了。

看过电影的人都知道，素媛的善良与乐于助人并没有像教科书中教导的那样让素媛得到快乐，而是让她遭遇了改变一生的悲剧，遭遇了你能想象到的最邪恶的毁灭。正义的到来并不容易，尽管是显而易见的犯罪事实，狡猾的罪犯却利用素媛的诚实与善良成功地钻了韩国法律的空子。败诉之后，鼓起勇气准备再次欢笑的素媛再度被打击到了。影片中有这样一幕：素媛在遭遇伤害之后不愿意说话，有一位心理医生对她进行治疗。素媛问医生："我不知道我做错了什么，老师教过我们要助人为乐。于是，我在看到大叔没有打伞之后就帮助了大叔。可是，现在为什么所有人都在指责我，为什么没有人来表扬我？医生，我做错了什么？"素媛的提问让人从心底感受到了社会的残酷与人性的邪恶，让人充满了无力感。

对于孩子来说，很多事物都是新鲜有趣的。任何人作为父母都难免会有疏忽的时候，当遇上危险的时候，父母是否在平时生活中给予了孩子正确的安全常识教育就会成为孩子能否成功脱险的关键因素。

安全意识的培养不仅对于孩子有着极其重要的作用，对于已经成年但同样也是弱势群体的女孩也是一样。面对强大的无法预料的危险，任何保护技巧在天然悬殊的力量面前都会显得不堪一击。此时，唯有加强心中的安全意识，时刻保持警觉，才能真正做到防患于未然。

与熟悉的人开展安全练习

唯物主义哲学家说过："实践是检验真理的唯一标准。"有了足够的安全意识并不能保证遇到危险的时候能够及时应对。人的生命是最为宝贵的财富，掌握自救知识更是危难中通往安全的宝贵钥匙。很多人都会购买保险，购买保险的目的都是以防万一，而掌握一定的自救知识，开展安全练习也如同人生中的很多事物一样，都是宁可一生不用，不可一时不备。

开展安全练习应该找熟悉的人一起配合，越是身边熟悉的人，我们的信任度便会越高，便越容易放下戒备的心，而很多安全事故的发生也正是在不经意间由于一时放松戒备而引发的。这样的事例在幼儿被拐卖以及大学生被骗进传销组织的安全事故中数不胜数，因此，非常有必要让需要保护的弱势群体通过与熟悉的人开展安全练习，从而学习到事故发生时的正确应对方案，以策安全。

明明是一个即将上幼儿园的小朋友，爸爸妈妈为了明明上学以后的安全问题煞费苦心。为此，他们特意甄选了认为安全级别最高的一所幼儿园。开学了，明明在幼儿园里认识了很多的新朋友和新老师，为此，明明很开心，每天蹦蹦跳跳地想要跟着新朋友们一起上下学并拒绝奶奶的接送，因为他觉得奶奶走路太慢了。但是爸爸妈妈并不同意明明独自上下学的要求，于是，明明总是在放学回家的路上故意跑得很快让奶奶追不上她，为此，明明的家人很苦恼。

有一天，明明又跟往常一样，趁奶奶不注意跑到了前面距离奶奶很远的地方。明明开心地东奔西跑，一不小心撞到了一个男人的腿上，抬头一看，原来是幼儿园的门卫贾叔叔。贾叔叔问明明怎么会是一个人回

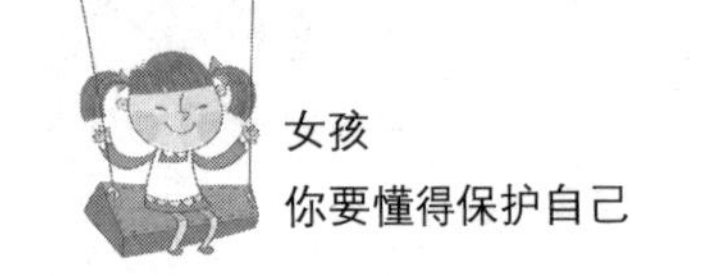

家呢，明明便将奶奶走路慢的事情告诉了贾叔叔，贾叔叔笑着牵起明明的手，说："那叔叔走路快，叔叔带你去前面的公园玩一下，等你玩一会儿，你奶奶也该走上来了，好不好？"明明很高兴地答应了，跟着这个贾叔叔一蹦一跳地向前走。到了公园门口，贾叔叔却还拉着明明一直往前走。贾叔叔告诉明明他知道一个更好玩的地方，很快明明就跟着贾叔叔走到了一个明明不认识的地方，那个地方也没有什么人。明明开始有点害怕了，她对贾叔叔说："我想回家，一会儿奶奶找不到我该着急了。"可贾叔叔却没有任何想要带明明回去的意思，反而将明明抱起来更快地大步向前走。明明在贾叔叔身上使劲挣扎着，却发现没有任何办法，这时才想起爸爸妈妈曾经对她的叮嘱：不要跟除了奶奶以外的任何人一起走，就算是认识的人也不可以。明明想起家里的爸爸妈妈，想起奶奶烧的菜，想起家里心爱的玩具，焦急地哭了起来，但贾叔叔丝毫不理明明，继续往前走着，明明更加害怕了。

就在明明不知所措的时候，爸爸妈妈出现了，他们从贾叔叔手上将明明抱了过来。明明在妈妈的怀里委屈地大声哭泣。原来贾叔叔是爸爸妈妈请过来专门对明明进行安全练习的好朋友，没有提前告诉明明就是为了测验一下明明对于安全意识的警觉性。通过这次练习，明明终于明白了爸爸妈妈的苦心，以后每次放学之后只跟着奶奶走。

很多时候，没有亲身经历过的事情，我们往往是不会放在心上的。对于小朋友而言更是如此，即便能够牢记爸爸妈妈说的话，但因为年龄的幼小也不能完全理解，只有通过"身临其境"这样的安全练习才能真正达到想要的教育效果。

安全练习虽是以防万一，练习中的情况并不一定肯定会发生，但是我们也不能忽视安全练习中的规范细节。只有真正将安全细节演练到真实，这样的安全练习才能达到真正的效果。

曾经有一个小和尚跟随一个老和尚学习剃头，老和尚让他先在冬瓜上练习手感。小和尚学得很是用心，每次都能成功地把冬瓜的绒毛剃干净而又不破坏冬瓜。但是，小和尚还有一个很不好的习惯，就是每次给冬瓜剃完，他一高兴就会随手将剃头的刀插在冬瓜上。

小和尚凭借出色的剃头天资和勤奋的练习很快就学成出师了。正式出师这天，老和尚决定做小和尚的第一个剃头对象。小和尚剃得很认真，也很仔细，老和尚舒服地闭上眼睛开始享受。殊不知，意外发生了。小和尚像往常一样，结束剃头之后，随手将剃头的刀插在了“冬瓜”的身上，只是他忘了，这次的对象并不是冬瓜，而是老和尚。老和尚疼得晕了过去，也后悔不已。平时每每看到小和尚将刀插到冬瓜身上的时候，自己想提醒一下的，但是总认为这只是一件小事而未多加制止，现在却让自己白白挨了一刀。

这个故事有点搞笑也几近荒诞，但是在现实生活中这样的故事却很常见。事故发生的表象各有不同，本质却接近一致——看似不太会用得到的安全练习也不能麻痹大意，因为习惯性的不规范行为所造成的危害往往来得更让人不知所措，也更为致命。故事中的老和尚如果早在发现小和尚有这种不规范行为的时候及时制止，那么他也不会挨上这一刀了。

其实在我们的工作生活中也有许多这样的习惯性不规范行为，这种行为我们就可以称为“习惯性违章”。仔细思考不难发现这种习惯性违章发生的主要原因就是行为人的安全思想认知不深，存在侥幸心理，错误地认为习惯性违章不算违章，甚至有人指出进行纠正的时候会被认为“小题大做”，殊不知这种细小的违章行为却埋下了安全事故发生的种

子，成为日后灾祸发生的根源。

生命，永远排在第一位

对于个人而言，安全意味着健康和生命；对于家庭而言，安全意味着和睦和幸福；对于一个企业而言，安全意味着形象和发展；对于国家而言，安全意味着和谐和强大。安全与生命总是紧密相连的，毫不夸张地说："没有安全就没有一切。"换言之："没有生命，就没有一切。"道理很多人都懂，但是现实生活中，却多的是不明事理的糊涂之人。

经常在报纸上看到这样的新闻：一户人家的门被反锁了，煤气灶上还煮着菜，险情随时都有可能发生。而最令人唏嘘的是，就在消防官兵接到救助消息准备破门而入排除险情的时候，却遭到女主人的强烈反对。而女主人反对的原因仅仅就是不愿意承担防盗门破拆后的修理费，一直坚持让消防战士从二楼邻居家的阳台外侧攀爬到自家阳台上去，而经仔细查看，此处并无攀爬空间且危险性极大，女主人的要求无疑是置消防战士的生命安危于不顾。本来很简单的一件事情，险情能够尽早排除，结果却只好调来32米曲臂登高车，杀鸡用牛刀，为了自家一点小利消耗了许多大众公共资源。

无独有偶，炎热的夏天，在一座商场前面的停车场里。一辆私家宝马车里被困了一个五六岁的幼童，他的妈妈看他正在睡觉，就将他独自锁在了车里去商场购物。炎热的夏天，地表温度都有将近32摄氏度，更别提密闭的车内温度会有多高。幼童在里面哭喊着拍打窗户，路过的陌生人看到危险的幼童，一边拨打电话找来消防人员，一边在商场里广播寻找这位母亲。半个多小时过去了，这位母亲依旧没有现身，眼看着车内的孩子越来越虚弱，已经没有力气拍打窗户，消防人员当机立断将车窗砸碎，救出了幼童。幼童被抱出来的时候身体发烫，浑身是汗，已然奄奄一息。众人忙将幼童抱到阴凉的地方降温去暑，1个小时之后，幼童终于苏醒过来，恢复了气色。而他的母亲直到此时才悠然出现，当她知道了整件事情的始末，第一反应不是感谢众人拯救了她的孩子，而是查看已被砸坏的车窗，向人索要赔偿……这样的行为不仅让竭尽全力帮助幼童的陌生人感到心寒，也会在无形之中给幼童带来成长的阴影：在妈妈的心中，自己的生命还没有车窗玻璃重要。

在任何情况下，人的生命安全都应该是放在第一位的。如果没有生命安全，又何谈幸福生活呢？任何情况下我们都不应该将财产得失放在首位。皮之不存，毛将焉附？

小李正当花季，是一个时尚优雅的单身美女。这天，因为公司有事，小李多加了一会儿班，直到夜里1点多才从公司往家走。回家的路上有一段僻静的小路，人烟稀少，小李一边祈祷一边快速向前，期盼着早点走到安全的地方。事情往往总是越怕什么就会遇上什么，在即将走出巷口的时候，一个黑影闪过，小李顿时感到眼前一黑。“别出声，我只求财，把你的钱包交出来！”劫匪压低声音在小李耳边说道。“好，好，我给你，别伤害我就行。”小李一边慌张地说道，一边强迫自己尽快镇定。“我的钱都在钱包里面，里面有一万多，你拿走吧，不要伤害我就好。”小李冷静地思考着，将钱包从手包中拿出来用力向远方扔去。趁劫匪跑去捡钱包的时候小李迅速向反方向尽可能快地跑走了，她朝着远方的灯光拼命跑，看到人之后大声呼救，劫匪看到情况之后害怕

地逃走了。

小李的策略明显是正确的，跟些许身外之财相比，遇到危险的时候保住自己的生命才应该是首要考虑的事情。然而并不是每个人都能理解通透，设想，如果每个不幸遭遇劫匪的人都能够将自己的生命安全放在第一位，那么这个世上该少了多少本不应该发生的悲剧。每每看到因为不肯放弃自己的财物而惨遭绑匪杀害的新闻，抑或遭遇入室抢劫时不管不顾盲目反抗呼救而惨遭毒手的新闻时，我的内心总是充满感慨与讶异：难道生命真的比不上这些所谓的财富吗？没有了这些身外之财，我们的生命还是可以潇洒继续，钱没有了可以再赚，而失去了生命，又是多少钱可以换来？

保护自己，珍爱生命。无论在什么情况下，我们都应该将自己的生命摆放在首要位置，时刻敲响安全的警钟。

学会拒绝，保护自己的合法权益

学会拒绝是一个永远都不过时的一个话题，有人认为很简单，但对于不会拒绝或者不清楚应该说“不”的人来说，开口说拒绝却是很难的一件事情。依稀记得陈乔恩主演的台湾偶像剧《王子变青蛙》里有这样一段：女主叶天瑜被公司的所有人称为“便利贴女孩”，因为她虽然跟大家一样都是普通公司职员，却是一个“老好人”。所谓的“老好人”便是“有求必应”，因为她从不会拒绝别人，总是无条件地满足所有人的要求。很多时候，她也很忙很累，也想对别人说“不”，但是只要别人露出为难的神色或者可怜的表情，不用别人再多说，她自己就会打退堂鼓不再说“不”。久而久之，不管她多累多忙，仍然会对别人有求必应。而其他人也渐渐习惯了对她的“使唤”，对她的付出认为是理所当然，要求她帮忙的事情竟慢慢从工作一直延伸到生活之中。于是，可怜的女主就这样变成了“便利贴女孩”，随时随地，只要任何人需要，就可以把她贴在那里。

像偶像剧中这样的“便利贴女孩”在现实生活中其实并不少见，有许多人尤其是职场中的新人，由于怕无意中得罪人，便对他人的要求有求必应。时间长了，没有及时改变，其他人便对他的付出认为是理所当然，渐渐地就形成习惯为自然。

学会拒绝别人，并不是说变得绝对冷漠，拒人于千里之外，而是在自己能力范围之内，保障自己合法权益的前提之下，学会在拒绝与迎合之间把握一个度。别人有求于你的时候，你丝毫不考虑便满口答应。殊不知有些时候，别人请你帮忙并不是他们真的做不到，很有可能只是他们想要偷偷懒，而此时善良的你，只是白白被利用了善心，成为他们的替罪羊。生活中我们或多或少都会遇到一些难处，见到别人真正有困难的时候伸出自己的援手是一件非常美好的事情，可以让我们的内心变得快乐。但是如果别人丝毫没有考虑你的难处，只是一味地要求你来帮助他们。那么，这样的忙，我们不帮也罢。

电视剧《欢乐颂》里面有这样一段：关雎尔作为一个职场新人，因为害怕得罪人，同时也想跟同事搞好关系，因此对同事的帮忙要求总是满口答应。明明自己已经连续加了很多天的班，多做了很多本不该属于自己分内的工作，最后累到在卫生间都能睡着。同事说：“我今天感冒了，想回去早点休息，但是我的工作还没有做完……”这时的她明明已经很累了，也很想早点回去休息，却还是会满口答应下来：“你回去

吧，剩下的我帮你来做。”但是半夜自己一个人回去的时候又会开始抱怨自己为什么不懂得拒绝别人，甚至有的时候明明自己已经有了安排，却为了帮助同事不得不放弃自己的计划。

这样的关睢尔最后得到她想要的善良回报了吗？事实上并没有。有一次，她熬夜帮同事做了一份工作，明明是同事做的那一部分出了错，但是最后的结果是她签的名。结果领导怪罪下来，纵使她再委屈也不得不承担责任。你看，这种不忍心的善良给她带来了多少麻烦？

我们每个人都生活在一个人情往来的关系社会里面，总是少不了礼尚往来。然而私以为，懂得互相体谅的人才是我们应该互相帮助的前提。当别人只是贪图自己的享受，只是利用我们的善良和心软来寻求我们的帮助的时候，我们就应该果断地拒绝，保护自己的合法权益。如果你的合法权益你自己都不去争取，又怎么能指望别人来替你保卫呢？就像关睢尔，连续加了很多天的班，最后累到在卫生间都睡着了。而那些总是找她帮忙的人并没有心疼她的疲惫，依旧总是想要麻烦她、压榨她。

有这样一则新闻：在北京的地铁上，地铁靠站停车的时候，有一名成年男子连续推搡两个女孩，想要让她们赶紧下车。不仅如此，这名男子嘴里还一直在咒骂着。看到这样的新闻，我们的第一反应一定是在责怪这名男子心胸狭隘，认为一定是他欺负这两个女孩。新闻在社会上引起轩然大波，人们在新闻底下评论这名男子没有素质。最终，这名男子不堪忍受，在微博上替自己辩护。原来这两个女孩是微商推销员，一直缠着他做推销，他一开始已经拒绝了好几次，但是这两个女孩还是缠着他，最后他实在忍受不了，没有控制好自己的情绪才做出了极端行为。

如果这是事实，那么这名成年男子的心情倒是可以理解。但是他也应该反思：是不是他自己拒绝得不够干脆呢？有时候拒绝别人，不仅要坚决，还要果断。既然已经打算好不给别人机会，那么就不应该再给别人希望。拖泥带水，优柔寡断，最终只会让伤害扩大到最大。其实别人在向你寻求帮助的时候，并没有抱着一定会成功的想法，但是你东拉西扯的委婉表达反而让别人以为你这里还有希望。

当你决定要帮助别人的时候，应提前考虑清楚，这个忙是否在你力所能及的范围内。如果不在你的能力范围内，那么不要犹豫，也不要于心不安，当必须有一方失望的时候，果断的拒绝才能将伤害降到最小。

保护自己，做自己的守护者

提及保护自己，笔者的记忆一下子被拉到那年冬天那场不忍让人回忆的惨案之中——日本当地时间2016年11月3日，就读于日本东京政法大学的中国留学生江歌被闺密的前男友陈世峰用匕首杀害，由此引发了社会反响激烈的“11·3留日女生遇害案”。被害的江歌出生于1992年，遇害时年仅24岁。由于父亲重男轻女思想严重，经常嫌弃并打骂虐待年幼的江歌，妈妈为了保护她在她一岁半的时候毅然选择了离婚。从此，江歌由妈妈与姥姥共同抚养长大。江妈妈倾尽所有抚养江歌长大，为了培养她读书成才，变卖房产，在集市上批发布料做衣服。江歌也非常懂事，省吃俭用，为了省钱，别人一般需要两年才能读完的语言学校，她只用了1年的时间就读完了。出国留学之前，江歌曾经对妈妈说过：“留学就是为了改变命运。”她说毕业之后希望能够在日本找个好工作，积累一些工作经验之后就回国好好陪母亲。然而，她的母亲却没有等来她的陪伴，反而等来了她的噩耗。

朋友眼中的江歌是一个非常乐于助人的乐观女孩，而让人意想不到的是，恰恰正是“乐于助人”这一优点让年轻的江歌葬送了自己的生命，留下孤苦的妈妈在为她讨回公道这条路上艰难行走。

江歌一案的是非曲直我们作为外人只能选择相信主流媒体的描述，审判的个中缘由我们也无从得知，但是江歌的惨案却提醒了我们面临的一个非常严重的问题——保护自己！生活在现在这个信息爆炸、物质极大丰富的社会中，我们所面临的安全问题却日益增多。想要不让身边的亲人伤心受伤害，我们就应当要学会保护自己，做自己的守护者。

学会保护自己，首先要爱护自己的生命。不论生活中、工作上遭遇多大的挫折，我们都不应该有轻视自己生命的想法，过度悲观，消极以待。要学会用乐观的心态面对生活、工作中的一切难题，不管多大的风雨，只要内心保持乐观，无所畏惧，那么一切灾祸都只会变成跳板，经历过的苦难都只会让你变得更加美好。

在一个破落的小山村里住着一户人家，男主人常年在外，也不会往家里寄很多的钱。家里只剩下母子三人相依为命，日子过得很是清苦。祸不单行的是，某一天夜里，家中的茅草屋突然着火了，火势猛烈，很快，家里到处都弥漫着浓烟。妈妈赶紧叫醒他们起来逃走，妈妈着急地问他们：我们就这个家了，着火了我们带什么东西逃出去呢？老大说：“我们把家里仅有的硬币带走吧。”老二说：“我们把要穿的衣服带走吧。”说着，他们就各自去拿自己想要带走的东西。然而，无情的大火很快就吞噬了整个房屋，屋子里到处都是浓烟，眼看着他们就要逃不出去了，妈妈叫住他们：“我们赶快逃出去吧，保命要紧，没有了生命，拿到硬币和衣服也没有用。我们先逃出去保住性命，硬币和衣服后面总

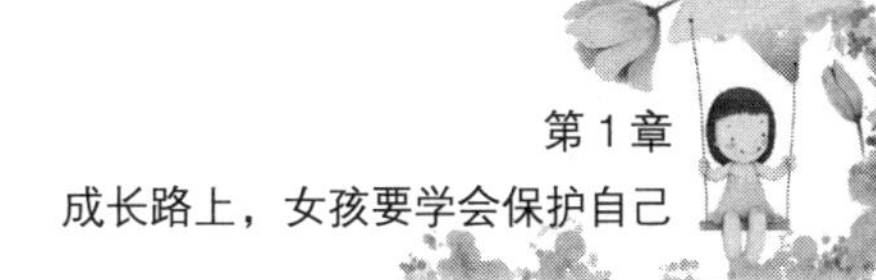

会都有的。”

生命对任何人来说都是宝贵的，每个人的生命都只有一次，不可重来。没有了生命，即便有再多的财富也无福消受；没有了生命，即便有再美的愿景也没有办法再实现；没有了生命，即便有再聪明的脑袋也无法再施展抱负；没有了生命，即便再幸福的家庭也无法再欢聚一堂；没有了生命，受伤害最大的只能是最爱我们的亲人朋友。

学会保护自己，我们必须要有犯罪预防意识。人生在世，我们会遇到很多好人与坏人。很多时候，好与坏并没有绝对的标准可言，只是由你们所处的位置是否有利益冲突而决定。出门在外，不管在何种情况下，面对任何陌生人，我们无法得知他的内在本质，此时，保持适度的警觉性能够让我们最大限度地避免伤害。如果有陌生人表现得特别热情，我们要尽量客气体面地避开，但也无须口无遮拦，更不可随意伤害别人。言辞礼貌、举止得体、礼让三分是我们自己良好修养的完美体现。

学会保护自己，依靠外力来实现是不太现实的。纵使是亿万富翁，出门有24小时陪护的贴身保镖，也不能保证百分百就没有安全意外，更何况你我只是平常的普通大众，没有能力也并不需要拥有24小时的贴身保镖。只要在日常生活中学会注意安全，增强防范意识，自己做自己的守护者，再保持热情，相信我们的伟大祖国，相信我们的警察英雄，也就无须太过担忧。

远离安全干扰，回归安全生活

经常在网络上看到这样的新闻：有遭受丈夫家暴的妻子，为了给子

女一个所谓的完整的家，常年忍受来自丈夫的恶意拳打脚踢。通常，悲剧的是，妻子这样的隐忍并没有换来丈夫的任何改变，反而是变本加厉的冷漠以及残暴。而妻子自以为是给孩子营造的完整家庭其实并没有给孩子带来真正想要的安全，反而助长了孩子内心对成人社会的恐惧与不安。每每看到这样的新闻，其实我并不认为这样的妻子有多么的伟大，反而，笔者认为所谓的给孩子一个完整的家，这样的理由只是妻子自我懦弱、逃避现实的一个借口。正确的做法应该是果断远离这样的安全干扰，带着孩子回归正常的安全生活。家庭的组成方式有很多种，父亲的缺席所带来的后果远远小于让孩子常年生活在恐惧、自卑之中。就像大火的印度电影《神秘巨星》，或许你有诸多原因让你只能暂时忍受身边无法逃避的“安全干扰”，不管在何种情况下，我们都不应该放弃努力的希望，一旦有所转机，应当机立断，回归安全生活。

在电影《神秘巨星》里，15岁的天才少女尹西雅在音乐上非常有天赋，一心想要追逐自己的音乐梦想。但是不幸的是她却有一个男权主义传统思想严重的父亲，她的父亲不允许她接触音乐，只让她好好读书，而好好读书的目的只是她以后嫁人的时候可以有更好的筹码，能够为他争取到最大的利益。尽管如此，尹西雅并没有放弃自己的音乐梦想，仍然想尽办法以自己的方式追求音乐，最终大获成功。电影中的主人公虽然是这位天才少女，但是真正让人敬佩的却是她的母亲。尹西雅的母亲娜吉玛是一个典型的传统印度妇女，她没有工作，在家里照顾丈夫、姑婆以及子女的生活起居。同印度社会中很多悲剧的家庭生活一样，娜吉玛对家庭的付出并没有换来丈夫的感恩与善待。反而稍有不慎，就会换来一顿拳脚相加。有一次，仅仅因为娜吉玛煮的饭菜多放了一点盐，她的丈夫吃着感觉有点咸便当场将娜吉玛呈在手上的饭菜打翻在地。紧接着，他责问娜吉玛有没有将他明天出差的行李收拾好，娜吉玛害怕地回答她以为他后天才会出差，因此还没来得及收拾。果不其然，娜吉玛换来了丈夫盛怒之下的一次家暴。夜晚，丈夫安然入睡，剩下可怜的娜吉玛独自收拾着他出差要用的行李。女儿尹西雅看不过去，心疼妈妈便劝妈妈鼓起勇气离开丈夫，而娜吉玛总是摇摇头表示否定。每每这时，笔者的内心总是认同尹西雅的无奈与叹息：妈妈是个笨蛋！

本以为娜吉玛只是数千万受压迫的印度女性中的一个懦弱缩影，尽管常年遭受家暴仍然不敢离开丈夫的庇护独自出去闯荡社会。直到她的丈夫变本加厉最终想要带着他们一家人离开一直生活的城市，将尹西雅许配给他上司的儿子用以换取更高的职位，在飞机场检票进站的时候，丈夫一再逼迫，想要丢弃尹西雅视如生命的吉他，娜吉玛终于爆发并鼓起勇气同丈夫离婚，果断地带着他们姐弟离开了这个残暴的丈夫。至此，娜吉玛的隐忍与坚强终于表露出来，她并不是一味地逆来顺受，只是有所取舍。尹西雅在音乐梦想上获得初步成功之后，基本生活有了保障，娜吉玛就果断离开了丈夫这个安全干扰，勇敢地带领他们回归正常的安全生活。

远离安全干扰才能够回归正常的安全生活，安全生活应该是我们生活在社会中的一个生存底线，一个连保护自己的生命安全都没有勇气的人，又何谈做成其他事情呢？就像影片中的娜吉玛，两个孩子的健康与快乐就是她的生存底线，在没有危及底线的前提下，娜吉玛无论遭受多少委屈都选择继续隐忍：她会去偷丈夫的零用钱给尹西雅购买吉他，她会偷偷将自己的金项链变卖了去给尹西雅购买电脑，她会在当初她的丈夫得知尹西雅是个女孩执意要她流产的时候，偷偷跑出去躲起来独自生下尹西雅……她并不是不会反抗，只是在用自己力所能及的方式做抗争。最终，依旧是因为她视如生命的两个孩子，勇敢的娜吉玛选择了离婚。因此，你的身边存在安全干扰并不可怕，是否有勇气能够果断离开才是你应该正视的问题所在。当你的身边有着严重安全干扰的时候，请不要犹豫，果断远离，为了你自己，也为了你的孩子和亲人。

面对意外，要从容自若

生活中的意外有好也有坏，突如其来的灾祸可以称为意外，天上掉下的美事也可称为意外。总之，一切打乱我们原本平静生活的一切因素都可以称为意外。而不管是好的意外还是坏的意外，我们都需要保持一颗淡定从容的心。只有这样，我们才能不被打扰，走向更加美好的人生。

“中彩票”这样的美好意外可能是每个人都向往的，但我们可以从各种资讯得知：并不是每个中了彩票大奖的人最终都能够生活得比以前好，很多中了大奖之后的人面对一夜暴富，由于内心的不淡定从容，反而变得浮躁难以控制，生活反而过得比之前更加糟糕。而有的人，即便得知自己中了大奖，兴奋之余很快回归理性，保持内心的淡定从容，合理规划这笔意外之财，生活从而过得风生水起。

有一个曾经的同事原本打算跳槽，因为他总是跟我抱怨现在的工作是如何如何的不开心，赚得又少。就在我以为他距离跳槽不远的时候，突然之间他仿佛变了一个人，轻松快乐了很多，再也不见他抱怨。相反，可能是由于他自己的心态发生了改变，做事比以前更加轻松活络，最后反而升了两次职，获得了更高的工资。后来，我们成为很好的朋友，我问及他转变的原因，他冲我嘿嘿一笑，才告诉我，原来他中了彩票。

很多人都会说，中了彩票之后不是更应该立刻跳槽吗？已经没有了经济压力，不是更可以放肆地离开了？但是并不是这样，同事说，他只兴奋了一整个晚上，恢复理性之后重新规划了自己的生活，生活就还是继续了。他说："当时我正在做着什么事情，突然有一个很有规律的号码打给我，本来我以为是个什么骚扰电话，后来接通了，对方告诉我中了一等奖。我走到办公室外面，让他把中奖号码核对了一遍，发现真是中了一等奖，当时我的心里激动得就跟高考那个晚上查分数一样。当天晚上，我兴奋了一整晚，睡不着，一直在想着这笔钱要怎么花。后来第二天，我照常去上班，请了两天年假，去把中奖手续办理了一下，兑了奖。然后在公司附近买了一套120平方米的房子、一套40平方米的单身公寓，又买了一个门面房，接着用剩下不多的钱买了一辆代步车。办完这些事情之后，我的心里突然就安定下来了，心一安定下来，做什么事情也都变得顺利了。至今，没有人知道我中了奖，除了我的父母。"

如今，这个同事在公司仍然继续上着班，过着比以前好一点的普通生活，只是物质上的财富多了，心里的底气便也足了。

人生就是这样，说不清楚什么时候就会上演一出"意外的美好"或者"意外的灾祸"，就像因为在手术室外面备课而红起来的河南商丘的一位老师。这位商丘市一高的语文老师李红，因为父亲生病住院，她不得不一边照顾父亲一边备课准备工作，人们纷纷称赞这位老师，认为这位老师既敬业又很有孝心。这位老师因为一张偶然被拍到的照片而走红于网络，像这位老师一样的还有风雪夜中仍然坚守岗位的交警同志，带病仍然坚持工作的警察，一边坐车一边学习的学生，他们的走红都是意外。然而，脱去意外走红这一层外衣，他们都是普通的群众百姓，更准

确地说，他们都是无数爱岗敬业人员中的普通一员。有记者采访他们的时候经常会问这样一个问题："走红以后，你的生活和工作有什么改变吗？"然而，他们的回答也都出乎意料的一致："基本没有，我还是原来的我，如果有的话，就是有更多的人认识我了，工作的责任心比以前要更强一点。"这样的回答并不是什么官方语言，否则，他们的回答也不会出奇的一致。其实，如果放在你自己身上，你也能够想象得出来：意外走红之后，工作还是得做，生活还得继续。意外回归之后，剩下的也只会是淡定如水。

生活就是这样，我们所生活的社会就像是一条川流不息的长河，生活在其中的我们，总是与各种意外不期而遇。不管你有多么厌恶，不管你有多么沮丧，生活并不会刻意善待你，各种意外仍然会接踵而至。面对突如其来的意外，慌张与逃避只能适得其反让问题更加糟糕。只有保持发自本心的淡定从容，才能最快地摆脱困境。遇上意外时，保持内心的淡定与从容是让我们保持一颗清醒的头脑，发现转机就迅速抓住机会，不至于因为慌乱而白白错失良机；保持内心的淡定与从容是要求我们训练自己，拥有一颗强大的心灵，能够承受来自生活的各种意外并且良好地应对，追求更加美好的人生。

第2章

提升自我保护能力，过平静安心的校园生活

当我们回忆自己人生当中做过的糗事或者遭受过的安全隐患，都会发现绝大部分是在自己的学生时代。成年之后的女性因为见识多了社会的复杂与人心的险恶，通常已经具备相应的自我保护能力，因而不太容易出现各种意外。而正处在青春叛逆时期的学生女孩群体，最容易控制不住自己，遭受诱惑，发生意外。因此，还在上学的女孩应当格外注意提升自我的保护能力，过属于自己的平静校园生活。

校园霸凌

任何年代的任何学校，总是会存在各式各样的校园霸凌。国际上对于校园霸凌的定义是：一个学生长时间、重复地暴露在一个或多个学生主导的欺负或骚扰行为之中。霸凌者（一个或者一群）通常拥有比被霸凌者更多的力量以及权势，会对被霸凌者进行重复的伤害。遭受到校园霸凌的同学无疑是可怜的，然而更可怜的应该是遭受到霸凌之后的不知所措，而通常霸凌者总是能够成功的原因也就在于被霸凌者不懂得如何反抗、如何保护自己。而事实就是这么残忍，越是不懂得如何反抗，越是被放肆地欺辱，就越是胆小、懦弱、自卑，就越会被欺辱得更惨。如此恶性循环，直至最后酿成悲剧。因此，遭遇校园霸凌，不应该一直忍耐，应当用科学的方法正确对待。

如果你很不幸地正在遭受校园霸凌，那么希望这篇文章能够给你勇敢反抗的勇气。研究数据表明，霸凌也有可能带来积极影响，前提是首先你愿意站出来。美国作为世界上校园霸凌案件发生最多的一个国家，曾经有研究学者专门针对“校园霸凌”做过相应的研究，研究表明校园霸凌的发生通常是悲剧的延续，但也并不是毫无好处可言。研究发现，虽然校园霸凌会给参与者带来无可估量的负面影响，但是对于被霸凌并

且懂得反抗的学生来说，反而有一些积极作用——那些反抗校园霸凌的人，本身的社会竞争力更强，也更为成熟。反抗校园霸凌锻炼了他们积极解决冲突的能力，也提前给他们上了一课：这个社会并不是所有人都会喜欢你。虽然研究表明校园霸凌并不是一无是处，但是没有人会期待这样的悲剧暴力发生在自己的身上，并且这样的积极效果也只仅限于那些懂得反抗的人。

如果你不幸已经遭遇过校园霸凌，并常常陷入痛苦的回忆。那么，希望这篇文章能够让你尽快走出被霸凌的阴影。被霸凌通常会让人产生不安和无助感，即便已经长大成人，这种感觉也还依然存在。但是请你千万相信，这些感觉是可以被治愈的。

首先，坦然承认自己曾经被霸凌。就像已经分手的恋人，受伤害最深的往往是付出最多更加难以放下这段关系的人。美国加州大学洛杉矶分校的一项研究发现：有大部分被霸凌者在成年之后很难走出阴影，其中一大部分原因在于他们经常花费数年的时间用于试图将幼年时自己曾经因遭受霸凌而产生的伤害最小化，劝自己“这没什么大不了”，或者干脆试图假装这样的事情从未发生过。而有时，更多的时候，被霸凌者通常会有一种自责感，总是在懊悔过去的自己不够勇敢，幻想着如果当时自己能够勇敢一点，或许自己就不会被欺负。但是，笔者要讲的是，要想治愈霸凌，第一步应该是坦然地接受被霸凌这件事情，接受你对曾经被霸凌这样的事情无能为力，你无须为此自责，该为这件事情自责的应该是霸凌者，而不是无辜的你。承认这一点，承认过去已经发生的事情，才能进一步地认清它带给你哪些影响，并积极努力去解决负面的影响。

其次，走出霸凌应该要重新认识到自我的价值。不能因为曾经发生过的一些不美好就全盘否定自己的能力与价值。幼年时在被霸凌的过程中，你有可能听到过很多次对你自身价值贬低的恶语相向，但是你要相信，这些并不是真相。欺辱你的人从未真正地了解过你，他们的恶语相向也只是为了欺辱你进而打击你自信的谎言。当你忧郁的时候，应当尝试去发掘自己真正的价值，用积极的自我评价去替换掉那些消极的话语，用积极的行动带来前进的动力，驱赶走内心的阴霾。换个角度思考，通过被霸凌的这个经历，我们可以更好地关注自己的个人成长。例如，你可以积极思考自己还有哪些需要成长的地方，将自己曾经不幸被霸凌的遗憾转变为提升自我能力的机遇。

最后，如果你感觉一个人难以承受、难以自愈，请一定要向外界求助。向关爱你的亲人朋友、向懂得你的师长同学寻求帮助，将自己的痛苦分享给能够懂你的人，而不要觉得你的分享会给别人带来负担。实际上，在这个世界上，总有人是偷偷地爱着你的。

正确区分友情与爱情

从小到大，我们每个人都会拥有许多的朋友。其中，既有男性朋友，也有女性朋友。接触到异性朋友是很正常的一件事情，但是如若处理不好与异性的关系，受伤害的总归是女孩。因此，作为女孩，尤其是身处在青春期的女孩，在与异性相处时，如何区分友情与爱情，如何才能更好地保护自己是必须学习了解的一个话题。

正确区分友情与爱情，首先我们应当要了解男女之间的差异：男女在同一件事情的表达上会有很多的不同。男生可能会认为拉女孩的手过街、送她回家、拍拍肩膀、谈天说地、个别交流只是稀松平常的一件事情，是自己有礼貌、有绅士品格的体现，并不一定就代表他有心追求这个女生。但如果遇到比较传统保守的女孩，本着“男女授受不亲”的传统思想，女孩可能会认为这是男孩在对她释放善意，因而故意不轻易让男孩拉手、触碰或聊天，此时，更容易让人产生遐想。但这其实只是一个美丽的误会，因为这样的事情同样也适用于情感保守的男孩身上。这时，过于随便的态度就容易引发误会。因此，在这样表达感情的尺度差距很大的情况之下，我们应当冷静为上。不要轻易地动感情，如果对方没有明确地表达好感或者直接追求，那么宁可停留在好友阶段，也不要任性做无畏的单恋，否则，只会受伤害。

其次，需要我们认清友情与爱情截然不同的本质。聊得来、一起工作、兴趣相近等，的确是产生爱情的很好条件。但是不要忘了，这些也是产生友情的基本要求。而爱情，不只是这些，还必须加上“爱”字。因为有了爱意，他会觉得你是世界上最好的人，这份浓烈的感情会让他鼓起勇气，左思右想最终表明自己的心意。所以除非对方明确表达，否则不要轻易想入非非，独自虐恋。

友情是广泛的，而爱情却是唯一的。友情与爱情都是属于广义爱情的一种，但是友情是爱情的基础和前提，而爱情则是友情的发展与质变，两者之间其实是有本质区别的。友情可以发展为爱情，也可以永远停留在“友情已满，爱情未达”的阶段。很多时候所谓“当局者迷，旁观者清”，很多当事人的确很难区分清楚友情与爱情，此时，就可以借用日本一位知名学者提出的五个指标：（1）支柱不同：友情的支柱在于“理解”，而爱情的支柱则在于“感情”。友情的建立不光需要我们了解彼此的长处，也需要了解互相的短处，只有同时了解优缺点，这样的友情才能够坚固并得以长久维系。而爱情的形成在于对对方的美化，是将对方的优点无限放大，视作理想之后产生的爱恋，贯穿其中的是感情；（2）地位不同：友情的地位在于互相平等，而爱情的地位在于“一体化”。真正的朋友之间大可率性而为，具有不同的意见时可以直言相告，哪怕明知对方会生气，但是为了互相欣赏的价值观念，仍然值得义正词言地进行规劝；而爱情则不然，拥有爱情的两人具有一体化的荣誉感，两副身躯却讲究同一颗心。两者要求的不是相互碰撞，而是相互融合；（3）体系不同：友情是开放的，两个人的友情允许多个人的加入，最终形成一个更大的朋友圈，原先组局的两个友人有可能反而不是最为亲密的两个人；而爱情是关闭的，两个人的爱情不允许有第三人的加入；（4）基础不同：友情的基础是“信赖”，而爱情的基础却是“不安”。朋友之间讲求相互信任，一份真诚的友情要求朋友之间相互绝对的依赖；反观爱情中的男女，却不能只是绝对的依赖、相互支持，在有所依赖的基础之上更多的应该是彼此的独立，只有首先成为各自独立的人格，才能成为共同依赖、互相扶持的家庭体；（5）心境不同：友情的长存让人充满“充足感”，而爱情的相处从本质上来说是永远充满“欠缺感”。与友人相处时，我们并不会刻意追求完美，只会不定期地随心情而聚，并不会对友人有过分的、额外的要求，因此友情总是让人充满幸福的满足感。爱情在一开始也是这样，但是到了后期，你会发现，对方在你的心里总是有所欠缺。因为更了解，所以有了更高的要求，他所欠缺的也会更多。

同性相斥，异性相吸，本就是大自然的一个基本规律。青年男女之间的友情也很容易转变为爱情。友情与爱情都是极其宝贵的，美好的友情会让我们一生受用不尽，但友情若转化不了成熟的、充满智慧的爱情，不仅友谊会不复存在，留下的伤痛也会烙在人的心上，成为一生之痛。因此，只有正确区分友情与爱情，才能避免让自己遭受到无谓的感情伤害，从而保证自己的安全。

如何与男生保持友谊

同性相斥，异性相吸，这本是人类社会得以繁衍持续亿万年的自然规律。所以，亲爱的女孩们，大可不必害怕与男生相处。你我皆属人类，没有高低之分，只有不同选择之后的各自美好。身处的时代背景不同，所属的原生家庭环境不一样，总会听到有关对“男生”的不同解读。有人出于对你的保护，将男生描述为可怕的洪水猛兽；有人出于对你的偏见，将男生告知为上帝的偏爱；有人出于对你的热爱，会将男生客观地说给你听。很荣幸，笔者就是最后一种。

面对与自己性别不同的男生，小小的你或许会有惊讶，更有好奇，你会理所当然地用自己能够理解的认知去与他们相处。但其实，他们的思维与你的思维有着你无法想象的千差万别。这时，如何与男生保持友谊就成为单纯善良的你需要了解的课题。

不论是与男生还是同性的伙伴，甚至反推到父母、长辈，与之保持良好友谊与互动的前提都是换位思考、相互理解。人生在世，只要有生活、有对话，就会遇到不同的难题与纷争，我们每个人都是在各自的世界里艰苦奋斗。你有你的难处，他也有他的苦衷。不论你所看到的他的表象有多么的美好，你我都要记住：你看到的永远都是别人展现给你、想要让你看到的。我们在各自的世界里面努力奋斗，都是为了各自拥有更加美好的人生，都是为了向世界宣告我们的积极勇敢，而不是专门向

你展示自己的软弱与不足。因此，即便他没有说，亲爱的女孩你也应当学会关心与体贴，向阳刚的男生展示你天性的柔软。遇到纷争的时候，我们要学会换位思考，学会站在他人的角度去尝试理解他的难处、他的观点，最终达成互相理解，那样才能保持良好的友谊。

大千世界，万生沉浮，很多事情往往就在一念之间，人们之间相处得和谐与否有时也就是一两句话的事情。因此，想要保持与男生的良好友谊，需要我们在与男生相处的时候牢记掌握“度量”法则，其实这一点适用于任何人之间的相处，哪怕是我们最为亲近的人之间。说出去的话就像是泼出去的水，对别人造成的伤害一旦形成就没有办法再收回。而越是亲密的朋友之间越要注意说话的分寸，尤其是当有第三个朋友在一起的时候，更应该给足对方面子。如果认为自己与之很亲密就因此随意说话，这样的友谊一定长久不了。好的朋友更应该真心地为对方考虑，站在对方的角度思考问题，而不是只贪图自己的愉快。

在与男生相处的过程中，绝大部分女孩都会遇到一个现实问题：出去一起游玩或者吃饭的时候，要不要AA？有的女孩说：“一起出去玩，当然应该男生付钱，这是女生的天然福利。何况，有的时候，很多男生都会抢着买单，这个时候如果非要AA，算得这么清楚，人家会觉得你不好相处。”有的女孩却说：“男生也是父母生养教育下来的普通人，现在都讲究男女平等，出去一起玩更不应该故意占男生便宜。”其实这样的观点都有一定的正确性，并没有绝对的对错之分。就像唯物主义辩证哲学思想所认为的，世上并没有一成不变的绝对真理，就算是你一直笃信的价值观，经历过不同的事件之后，在人生不同阶段也会有所差异。每个人都有各自不同的生活方式与相处模式，没有必要拿别人教条的规则来限定自己，就算是同一个人所拥有的不同朋友，依据不同朋友间的

性格差异，我们也应随机应变，做到尽量完美。

最后，不论是与谁相处，同性之间也好，异性之间也罢，都应该真诚以待。真诚待人并不是为了别人也一定要以真诚回报，如果你的真诚能够换来朋友的真心相待固然是好事，但是即便没有得到你自己的预期，我们也不应该沮丧，因为人们性格的多样性决定了我们相处的丰富性。如果我们真诚待人的动机就是获取别人的真诚，其实这本身也不是很真诚。真诚就像是晶莹剔透的水晶，不应该有任何的杂质。有人说，在这个社会上真诚待人是没有任何好处的，反而会被利用得很惨。事实上，并不排除会有这样的可能性，这时，考察此人是不是你真正的可以信赖的朋友就很重要。我们真诚待人无须隐藏，但应该有自己适度的锋芒，并不是随便一个人我们都要向其袒露真心，真诚以待的前提是他真的是你的朋友，可以在你困难的时候雪中送炭，而不只是锦上添花。

不留宿任何同学家中

不留宿任何同学家中，除非对方与你的父母熟识并且已经征得了你父母的同意。当你听到这句话的时候，年轻叛逆的你或许会不屑于笔者的认真与严肃，但是，亲爱的女孩，我要告诉你，有多少人的安全问题都是发生在熟人这层“外衣”之下，请你仔细听我慢慢说。

或许，作为涉世未深的你会认为新闻上的极端案例离你很遥远，长辈的关心话语也都是听听而已。但是，亲爱的姑娘，无论在什么时候，最爱你的人都是你自己的父母，或许你认为他们与你有代沟，或许你认为他们理解不了你的真实想法，或许你认为他们的时代已经过去，

其实，很多事情等到你自己经历过就会知道：最爱你的人永远都是你的父母，甚至远远超过你的知心爱人。因为对你是发自内心地、真心地爱护，他们可能会神经过度紧张到让你不满；因为真的想要让你开心快乐地度过一生，他们可能会对你提出超出你认知的要求以致让你很辛苦；因为太过想要保证你的一切完美，他们可能会在不经意间流露焦躁，表达严厉。但其实，亲爱的姑娘，唯有真正深爱你的父母才会如此，难道他们不知道这样会让你生气，惹你不快？难道他们不清楚你的脾气，不知道省心偷懒？他们知道但仍然会坚持对你的教育与沟通，基于对你的保护，基于对你的爱护，基于对你的疼爱。当他们告知你不要留宿在同学家中的时候，请你千万要听从，一定是他们敏锐的嗅觉觉察出了些许的不安，而这点点的不安对他们来说风险实在太大。他们无法拿你的生命安全去冒险，无法拿他们深爱的女儿的人生安全去冒险，哪怕只是一丝一毫，都绝不允许。

亲爱的姑娘，请你不要留宿在同学家。选择不要留宿在同学家并不代表对你同学的不信任，而是对你同学背后或者周围的人们保持一个安全距离。或许，你跟同学玩得很要好，沟通得很愉快，但是不要忘了，每个人都有自己的小秘密。你所看到的、了解到的永远都只是别人展示给你、想要让你看到的。或许，出现危险的时候，你的同学本人会尝试保护你，但是，放弃自己家庭这个温暖的避风港而去选择大冒险，这样真的安全吗？亲爱的姑娘，希望你能够懂得，永远不要将自己的后背留给未知，未知总是充满变数，让人害怕。

2003年的端午节，年仅23岁的王晨旭在持刀砍死一人之后开始了一个人的逃生生涯。为了躲避抓捕，他不敢回家，不敢用自己的身份证，一路拾荒走路去了远离自己家乡的贵州。在贵州，他化名李佳，遇

到一户人家愿意收留他。这户人家只有两个人：奶奶和中学生沙洁。沙洁是一名长相清秀的善良女孩。她的父母外出务工，她跟随奶奶在家生活。善良的奶奶看到流浪的王晨旭，仿佛看到了自己儿子年轻时在家的时光。出于善意，奶奶收留了王晨旭并给他收拾了一间房子让他住着。王晨旭许久没有在一个固定的地方待久过，更是许久没有得到过家庭的温暖，内心百感交集。他为了感恩这名善良的老奶奶，每天很勤快地将所有家务活儿做完，还帮沙洁辅导功课，日子过得也算平稳。直到这一天，沙洁带了一位同学（马东敏）回来过夜。出于孩子天生的好奇，马东敏问了李佳（王晨旭）很多问题：你来自哪里？为什么会流浪？家里还有其他人吗？李佳回答了一番以往的说辞，却在一些细节上对不上以往同沙洁和奶奶的说法，这一点引起了沙洁和奶奶的怀疑。

沙洁和奶奶的提防让李佳感觉到了异常，他试图自圆其说，结果却越描越黑。奶奶为了让李佳尽快离开，便告诉李佳，沙洁的父亲很快就会回来。李佳内心更加不安，便对当日来的那位沙洁的同学怀恨在心，他认为当日如果不是她的到来，自己便不会受到怀疑，自己的好生活便不会结束。李佳越想越生气，激愤难耐之下，竟蓄意将沙洁的同学（马东敏）杀害了。只是这次，王晨旭没能逃走，被当地警方抓住并得到了应有的惩罚。

亲爱的姑娘，请你不要以为上述的案件只是个别的案例，不会发生到你的身上。我想告诉你的是：大千世界，无奇不有。很多你所认为的“遥远的事情”其实离我们很近，人生总是充满了一个又一个意外。很多外在的安全因素我们没有办法控制，只能从自我出发，做到尽量远离可能的安全隐患，做到时刻将安全警示牢记在心。只有如此，才能保证我们自身的安全。

稳重对待异性，避免与异性独处

百度百科中，对“稳重”一词的定义是：稳重是一种优秀的品质，是心智成熟的标志。它是每一成功人士都具有的一种品质，每个人要想成功就必须具备稳重的品质，它代表着遇事沉着冷静、不焦躁。生活中与任何人相处都需要我们学会稳重对待，尤其是与异性相处的时候。女孩的稳重不仅代表了自我的良好教养，更是自尊、自爱的品质体现。

年少时，笔者在观看电视剧《情深深雨蒙蒙》的时候，对里面梦萍被几个小流氓欺负的那一段印象尤为深刻。那时候只是觉得，梦萍与女主角故意作对，不听男主角的劝告还执意跟那几个人玩、在一起喝酒，实在是“活该”。等到现在成年之后再回看这段情节，笔者的内心却更多的是心疼与惋惜，她对女主角的敌意来自她从小到大接收到的“母亲的教诲”，但这并不代表她就活该被坏人欺负。失去贞操并且流产导致此生不能生育，不能成为一个母亲，这应该是一个女生极大的一个遗憾。对剧中的梦萍也是如此，尽管她并没有结过婚，没有成为过一个母亲，没有品尝过作为母亲该有的滋味，但这丝毫不影响她对已经形成的缺失所造成的伤痛。面对自己生理以及精神上遭受到的伤害，梦萍开始反省自我，反思为何自己会遇到这样的伤害。究其根本，最后她发现都是因为自己没有学会自重，没有学会稳重对待异性，没有学会“防人之心不可无”。那个和她曾一起出去游玩的“小纪”，直到事发，她都不知道他的全名，当天一起出去游玩的几人的全名，她也一概不知。私以为，这实在不应该是一个十几岁的花季少女应当缺失的能力与心眼。

尽管这只是电视剧中的情节，但是笔者相信，这样的案例在真实世界中并不少见。很多人都提倡女孩的一个“富养”，而人们对于这个

“富养”的概念解读似乎就是从小到大给予女孩一切最好的，将她培养成一个没有经历过任何社会阴暗面，对任何人都没有提防的“纯美少女”，就像是电视剧中的梦萍，从小生活环境优渥，母亲“九姨太”尽自己一切所能给予她最好的物质生活，却并未注重在精神生活上给予其适当的教养。在梦萍遭受伤害，意外怀孕之后，这位母亲的第一反应也不是要报警严惩凶手，而是想让梦萍赶紧嫁人，不要“丢脸”。每每看到这里，总是令人心疼：有这样的母亲，就难怪梦萍会有这样的遭遇了。私以为，“富养”理念并没有错，但女孩真正应该被富养的更应该是精神，而不只是物质层面。身为女孩，能够一直保持内心的纯真与善良固然美好，但是又有谁能够保证你可以一辈子都不遇上任何阴暗？私以为，最可怕的往往并不是如何面对各种阴暗，而是你连“什么是阴暗面”都不知道，就正如你不知道什么是危险、什么事有可能会引发危险，在这样的情况下，如何能够要求你自己保护好自己呢？所以，亲爱的姑娘，请你千万学会稳重对待异性，很多时候，即便不清楚对方到底是否值得深交，但至少，我们保持自己的自尊与自爱，做到不给别人欺负我们的机会，这才是保护自己最根本的方法。

很多时候，为了更好地保护自己，我们不仅要学会在内心稳重对待异性，更要有与异性保持距离，不与异性独处的果决。不与异性独处并不是让我们冷漠、扭捏对待异性，而是在与异性相处时保持适当的安全距离，学会防范。通常，能够伤害到我们的并不是外面的陌生异性，而恰恰是身边自己信任的“领居家大哥”“远房表哥”“领居家某男子”等。亲爱的姑娘，害人之心不可有，但防人之心绝对不可无，尤其是对待异性，更是如此。这世上并不是所有的异性都是猛虎不可接触，但陌生的异性也绝对不会都是善良温驯的绵羊任你指挥。很多已经发生的案

件都是发生在意想不到的情况之下，而我们所能做的就是尽量避免，减少独处的机会，降低潜在的风险。想要和关系要好的异性一起游玩的时候，如果你没有成为亲密关系的意图，那么，请学会稳重，学会避免独处，保持自立、自尊与自爱。

亲爱的姑娘，今天我们说：稳重对待异性，避免与异性独处。并不是让你与世隔绝，拒绝与任何异性相处，只是想要告诉你：凡事皆应有度，任何事情超过应该有的界限就会失去本身的滋味，到那时，伤害一旦形成便无法挽回，所以，让我们凡事做在前面，预防在前，安全在后。

提高警惕，老师中也有“色狼”

“严老师，我把我姑娘就托付给你了，麻烦你帮我照顾好她，等我放假了我就回来接走她。”妈妈一手拎着我的书包，一手牵着旁边的我，用有些讨好的口气对我面前的中年男人说道。妈妈用眼神示意木木的我赶快打招呼：“快喊人，叫严老师。”“严老师，你好。”我用很轻的声音回复道。妈妈的脸上有些尴尬，抱歉地对我眼前的严老师笑了笑。这个严老师却也是满脸堆笑：“没事的，孩子还小，还是个女孩子，难免害羞。你放心吧，你不在的这段时间，我会替你好好照顾她的。”说着，他一把拉过我的手：“这孩子在我这里你放心，我会把她当我亲姑娘看待的。”妈妈点着头，连声说着谢谢。而我只是觉得被他攥着的手很别扭，我已经13岁了，是大姑娘了，很多事情我都已经懂了，我赶忙挣脱他的手。

最终，妈妈还是要走了，临走的时候，妈妈再三关照我：“听老

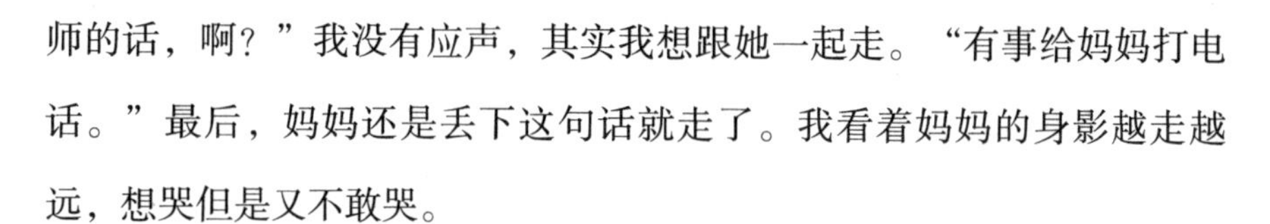

师的话，啊？”我没有应声，其实我想跟她一起走。“有事给妈妈打电话。”最后，妈妈还是丢下这句话就走了。我看着妈妈的身影越走越远，想哭但是又不敢哭。

我不愿意待在这个驿站，何况是要白天黑夜都待在这里。可是没有办法，妈妈希望我留下来，那我就留下来吧。从此，我的学习和生活都留在这个陌生的小房子里，我的安身之处就是一张小小的课桌和一张小小的床。我每天面对的人就是一帮陌生的孩子，有的比我大，有的比我小，他们来自不同的学校和不同的班级，有男生，也有女生。我不喜欢跟他们一起玩，但是我却很羡慕他们，因为每天放学之后，不论再晚，他们都可以回家。看着他们雀跃着跳上爸妈的电瓶车，我除了羡慕还是羡慕，而我只能继续在这个屋里待着，最多出去走走。我曾经很想走了就不回来，可是我怕妈妈回来了找不到我会着急。我怪妈妈把我丢在这里，但是我却不恨她，因为我知道妈妈一个人把我带大有多么的不容易。

我知道妈妈是没有办法才会把我丢在这里，自从爸爸去世之后，妈妈一个人带着我一边打工一边接送我上下学。因为每天都要照顾我，妈妈赚不到很多的钱。这次，妈妈要去浙江上班，她说那边的工厂工资很高，等她再苦几年，攒够了我上高中和上大学的钱，就会回来跟我团聚，以后再也不会分开。妈妈说她去了浙江就没有人能够照顾我了，我说我可以自己照顾好自己，但她还是不放心，她对我说：“孩子，你要把时间都放在学习上。”所以，她找到了这家驿站，将我交给了严老师。妈妈说她打听过，这个严老师人很不错，把我交给他她很放心。妈妈让我一定要听严老师的话，不要任性，让老师不高兴。

我很想妈妈，希望她能尽快回来跟我在一起。但是在跟妈妈通电话的时候，我却不会告诉她我很想她，我知道如果我说了的话，妈妈一定

会很难过。爸爸去世的时候，她已经够难过了，把眼睛都哭伤了，现在我不要她再难过了。与其让妈妈难受，我宁愿让自己难受。我会好好写作业，好好学习，等着妈妈早点回来看我。

但是驿站的那个严老师，我是真心不喜欢。我趴在桌上写作业的时候，他总是凑到我身边，伏在我的背上，双手撑住桌子，将我整个人都圈在他的身体里。每当这个时候，我的身体都会僵住，肌肉紧张。有一次，严老师猛地抓住我的右手，我吃了一惊，他讪讪地说道："这道题做错了，我教你。"还有一次，我正在房间换衣服，突然，我的房门被打开了，我明明已经关好了！我恶狠狠地盯着开门进来的严老师，他尴尬地说："我以为房间里没有人呢。"但是在他退出去的时候，我分明看到他的眼睛在我身上停留了几秒钟。我感到莫名的害怕，但是却没有人可以说。我知道，如果我告诉妈妈，她一定又会担心。

那天晚上，大家都走了以后，空气异常的安静。严老师走到我的跟前，手心里托着好几颗药片，两种颜色，还接了一杯水，递到我跟前，说："这是钙片，你正在长身体，快吃了吧。"我感到很疑惑，但还是很听话地将药片吃了下去。

没过多久，我就感觉到天旋地转、头疼欲裂，整个人都软绵绵的，站不起来，就像一个棉布袋，随时都有可能会瘫倒。我跌跌撞撞地往前走，想要走出去呼吸新鲜空气，想要躺到床上去好好休息，这时严老师一把架住我，将我放到床上……我的大脑一片混沌，视线渐渐模糊，失去了知觉。

第二天等我醒来的时候，天已经亮了，房间里就只有我一个人。此时，我感受到了下身传来的阵阵刺痛，我站起身，脱下内裤，我看到了一片鲜艳的红。之前懵懵懂懂，现在我却一下子明白了——我被玷污

了！好冷，我浑身发抖，又怕又气，感觉整个人掉进了冰窟窿里面。我感觉到恶心，不知道是恶心自己还是恶心别人。眼泪再也抑制不住地往下流。“妈妈，你在哪里啊？你快回来救我啊”，我在心里哭喊着。

我强忍着不舒服，默默回到房间收拾好自己的书包，有气无力地走出驿站的大门。隔壁的奶奶看到我，笑眯眯地问我：“姑娘，这么早就去上学啦？”我木木地说：“奶奶，你的手机可以借给我打个电话吗？”拿着奶奶的老人机，我拨通了妈妈的手机号码，听到妈妈声音的那一瞬间，我“哇”的一声哭了出来，再也控制不住我自己：“妈妈，驿站的严老师他欺负了我……”说完，我整个人都倒了下去，只听到奶奶大声呼喊：“快来人呐！”……

以上的故事是根据公众号《泰兴检察》发布的一则真实案件改编的，罪犯严某并不具备任何办学资质，在泰兴开办校外培训班。他在明知受害人不满14周岁的前提下，以补钙为名，诱骗被害人吃下催情药和安定片，强行与被害人发生了性关系。姑娘们，擦亮你们的双眼，不要以为学校就是安全的孤岛，老师之中也有“色狼”。

对于无事献殷勤的人要小心

俗话说：“无事献殷勤，非奸即盗。”这并不是没有道理的。人生在世，经历过人生的几多沉浮之后，我们都懂得：除了你的亲生父母，没有人会无缘无故地对你好，更不会无缘无故地给你好处。平时如果对你不闻不问，却在突然之间对你百般讨好、大献殷勤。这时，必定没有好事要发生。应当警惕他是否可能要你做不好的事情，或者想要从你这里得到好处。

有一只公鸡想要去很远的地方游玩，公鸡害怕在路上会有危险，就找来一条大狼狗，想要和狼狗一起赶路。狼狗答应了，叮嘱公鸡在路上一定要听它的话，否则，出现意外它就救不了了。公鸡答应了，于是，它们一起上路了。

到了晚上，狼狗对公鸡说道："明天早上你可以不打鸣吗？打鸣会引来其他的危险动物的。"公鸡嘴上答应了，心里却不以为然："我的嗓音这么美妙，不让其他人听到多可惜呀，好不容易出趟远门，应该让更多的人知道我的嗓音好听呀。"夜深了，狼狗让公鸡到树上去睡觉，并告诉它："我就睡在树下面，如果有人喊你下来，你就说要得到我的同意。"公鸡答应了，一跃就跳到了树上，在树枝上栖息，狼狗就依计在下面的树洞里过夜。

黎明到来时，公鸡将狼狗昨晚说的话全当成耳旁风，它仍像往常一样啼叫，甚至故意叫得更加嘹亮。有只狐狸听见鸡叫，想要吃鸡肉。它跑来站在树下，恭敬地请鸡下来，并且说道："多么美妙的嗓音啊！太悦耳动听了，但离得有点远，我有点听不真切。你能下来给我唱支小夜曲吗？"公鸡明明知道狐狸想吃它，却还是沉迷于狐狸的夸奖不可自拔，它心想："我有狼狗可以保护我呢，一只狐狸没有关系。"于是，公鸡回答说："可以啊。不过请你先去叫醒树洞里那个看门守夜的。它一开门，我就可以下来了。"

狐狸听后，看到公鸡并不上当，眼珠一转，又另生一计。它谄媚地对公鸡说道："您的嗓音多么美妙啊！真的太悦耳了，相信一定有很多动物跟我一样，头一次听到这么悦耳嘹亮的声音。您可以再多叫几声给我们听一听吗？"公鸡一听正合它意，于是，公鸡越叫越起劲，越叫越嘹亮。不一会儿，有另外两只狐狸也听到公鸡的声音找了过来。最终，三只狐狸围住了公鸡和狼狗，狼狗自己奋力逃了出去，留下不听话的公鸡被三只狐狸抓住吃掉了。

童话中的故事总是简洁又明了，让人一眼就能看出破绽，看出谁是好人、谁是坏人，是谁心怀叵测，又是谁忠诚勇敢。然而，当现实生活中的一切事物穿上迷幻的外衣，我们却总是分不清楚是与非，善与恶。其实，仔细想来，只要拨开诱饵的迷雾，很多骗局的本质就会立刻显现。只是很多时候，我们是否愿意或者是否具备这样的本领而已。俗话都说："不听老人言，吃亏在眼前。"很多前辈都告诉过我们："世上从来没有免费的午餐"，即便有了很多前辈的良苦用心，然而，还是会有一些傻姑娘认为自己会是最特别的那一个。亲爱的姑娘，殊不知，坏人利用的正是你这颗不谙世事的单纯之心啊！

亲爱的姑娘，或许你的确是一个很独特的存在。但是，请你千万记住，这要分对谁，对于懂得你的人、真正爱护你的人而言，你的特立独行、善良单纯会是他眼中的珍宝，他会倍感珍惜；而对于不懂欣赏你，并不是真心爱护你的人而言，你的单纯善良只会是他利用并欺骗你的一个软肋而已。所以，面对看似可怜的陌生人，亲爱的姑娘，请你尽量收起自己那颗恻隐之心，帮助别人的前提应该是能够很好地保护好自己；面对前方看似不可跨越的障碍，亲爱的姑娘，不要露出求助的可怜神色，展示于人前的最好是勇敢果决的行动，即便是错的，你也会学到更多，别人也只会更加欣赏你，而不是只会等着看你的好戏；面对无端出现的谄媚笑脸，亲爱的姑娘，迈开步子大步向前，留给他一个坚毅果决的背影，凡事自立自强，我们也不用沾别人的光。

亲爱的姑娘，宇宙很大，我们所处的世界其实很小。相较于宇宙中

的浩瀚世界，我们只是芸芸众生中的一个普通微粒。不论你的外形多么出色，在无事献殷勤的人眼中都只是可利用价值更高一点的皮囊而已。所以，亲爱的姑娘，学会学习进步，不断充实自己的内心，有空出去走一走，你会发现世界很大，世界上各种各样的人也很多。而不管怎样，对无事献殷勤的人都要小心！

木秀于林，风必摧之

知乎上有人曾经说过这么一段话：“你戴了什么表，穿了什么牌子的衣服，不是一个层次的人未必认得；跟你一个层次的人，人家也买得起；比你层次高的人可能会觉得你low，所以，这个世界上除了发自内心的幸福，并没有什么其他东西是值得炫耀的。”我深以为然。所谓木秀于林风必摧之，堆高于岸流必湍之，行高于人众必非之，前鉴不远，覆车继轨。说的就是这样的道理——树大招风，要想保护自己，我们应当学会低调行事。

低调行事并不是让我们刻意地低人一等，也不是一味地忍让他人，而是学会以退为进，不争而获。低调并不是让我们完全与世无争，而是要我们学会拥有一种超越别人的智慧，以和为贵。低调是学会谦卑，学会在适当的时候保持适当的低姿态，但这绝对不是怯懦的表现，而是一种中庸的人生智慧。亲爱的女孩，如果做人能够做到保持谦卑，放下架子，既不张扬，也不张狂，这不仅是一种人生态度，更是一种美好修养的体现，也是优雅知性的传达。

就正如《道德经》中描述的：“以其不争，故天下莫能与之争。”

仔细研读历史人物的成名史，你会发现，大多数的名人都是低调而不争的。他们的低调并不是真正的毫不反抗，随波逐流，而是懂得在适当的时候展露自己的锋芒，一击而胜。在没有合适的机遇时，宁可被欺负也会隐藏自己的锋芒。反倒是那些有些小聪明的配角，总是会极力地展现自己的能耐，却也被淘汰得最快。就好比电视剧《甄嬛传》中的夏常在，刚刚进宫获得晋升的第一天，就依仗自己显赫的家世随意欺人，结果只能是被狠辣的华妃当成了靶子，小惩大诫，“杀鸡给猴看”，华妃轻轻松松地赏了她一顿“一丈红”，从此断送了这位嚣张跋扈的夏常在的一生。反观女主甄嬛，了解到了深宫中的尔虞我诈之后，自觉没有能力可以面对，宁愿一直被欺负，也称病不让自己获得盛宠，以保生命安全。相较而言，谁更有智慧，高下立现。没有了生命，就算再多的恩宠，无福消受，又当如何?

木秀于林，风必摧之，是让我们学会低调行事，懂得适时地隐藏自己的锋芒。但也绝对不是让我们消极避让，百事退让，这又是另一个错误极端。大智如愚，讲的并不是一个人明明有很多的智慧，却故意表现得很笨，而是拥有大智慧的人从来不故意卖弄自己的聪明。保持低调，在平凡中保持不平凡，在消极中保持积极，在不备中保持随时解决问题的能力，在静中观察动，在暗中观察明，以获得人生相处的优势。

学会低调，是让我们学会保护自己。人生在世，会遇到很多形形色色的人与事。俗语说：“枪打出头鸟”，在与人相处的过程中，如果学会保持低调，可以让我们减少很多可能原本不会遇上的麻烦，就好比一个抢劫犯绝对不会去抢劫一个看似比他还要贫穷的人。都说一个美女的好朋友必定会是一个丑女，这话并不是绝对的，但是也可以从侧面反映出人与人之间相处时的复杂性。事实上，这个世界上最难的事情的确是人与人之间的相处，相同层级的人之间相处时，大家所处的位置都类似，因而可以更好地互相理解，减少矛盾的产生。而这时如果有一方率先取得了阶段性的进步，而还不知道保持低调，反而刻意宣扬自我的能力。可想而知，这样的人必定会受到同辈的排挤与打击，甚至招致灾祸。而保持低调做人，低调做事，就是让我们学会保存自己的实力，有朝一日，即便落难，也仍旧可以在那些所谓的“强者”面前更好地生存和发展。

亲爱的姑娘，在平时的工作生活中，你要学会保持低调，不喧闹，不做作，不假惺惺，不矫情，即便自己认为自己满腹才华，也请学会藏拙。藏拙是为了让我们可以有机会更好地前进，不嚣张才能更好地受人敬重。

亲爱的姑娘，请你记住：福兮祸所伏，祸兮福所倚。在受人瞩目的时候，学会言行保持低调，将姿态放低，才能更好地保护好自己。而学会不保守、不偏激，不仅是人生的一种品格、一种智慧，更是人生的一种姿态与谋略，是人生的风度与修养。

亲爱的姑娘，每个人都是生活在“社会”这个大家庭中，很多时候都会身不由己。这时，学会与身边的人搞好关系是我们人生一门必修的功课。在与人相处时，学会尊重别人，懂得去欣赏别人的优点，以宽阔的胸怀对待别人的不足，以真诚的态度去学会与人交流，平衡自己的位置，尊重他人才能更好地经营好自己的人生！

第3章

女孩要有防范意识，避免被“大灰狼”盯上

人生在世，在经历过第一次的“被欺负”之后，大部分长辈都会教导我们：“害人之心不可有，但防人之心却绝对不可无。”小时候未必理解，长大后却深以为然。相较而言，作为人类中的弱势群体，无论何时何地，身为女孩都应当具备一定的防范意识，学会保护自己，才能避免受到诸多伤害，尤其是对于自我的性别保护，一失足便会成千古恨，无法挽回。

具备防范意识，避免被“大灰狼”盯上，应当从以下几个方面入手：第一，做好自己，保持良好言行，获得异性尊重；第二，学会从正当渠道了解到想要了解的性知识；第三，勇敢拒绝异性的无理性要求；第四，学会保护自己的防身技能；第五，万一遇到色狼，在保障生命的前提下机智应对；从源头杜绝受伤害的可能性，不与除父亲以外的任何异性独处。能够做到以上几点，相信我们都可以将伤害扼杀在摇篮里！

言行得体，才能获得异性尊重

语言不仅是社会交往的工具，更是人们表达意愿、思想、感情的符号和媒介，同时还是一个人道德情操、文化素养的反映。可以想到，在与他人的交往过程中，一个女孩如果能够做到言之有理、谈吐文雅，即便外形条件再不出众，别人仍会对你印象深刻，继而刮目相看。反之，如果一个女孩满嘴脏话，甚至恶语相向，那么，我相信即便再美丽的外表，应该也不会有多少人能够接受。就如同灰姑娘与白雪公主中的恶毒皇后，你会更喜欢谁？

言行得体，百度百科中的释义是语言、行为合适、令人舒适。合适、令人舒适的标准很宽泛，虽不能说具有绝对的一个标准，但是对于社会中大多数人都能接受的态度来说，合适与舒适的标准绝对不会是“满嘴脏话”“恶语相向”等，而“言之有理”“谈吐文雅”“落落大方”这些一定不会是错误的。

莫扎特年仅6岁的时候，有一次，在德国慕尼黑市的皇宫举行第一次演奏会。因为皇宫中的地板太过光滑了，所以年幼的莫扎特一进皇宫的大门就滑倒摔了一跤。这时，不知从哪里跑出来一位小公主，她扶起了跌倒的莫扎特，还亲吻了他的手。年幼的莫扎特一下子就被征服了，他不知道如何感激这位美丽的公主，便向他许诺：“长大以后，我一定要娶您为新娘。”皇宫内的其他人听了都哄堂大笑。

皇室中富有的公主自然是不需要等着莫扎特前来迎娶的，但是从上面的这个小故事中，我们却可以看出小公主善良得体的言行给人们留下的美好印象。只是一个简单的帮助别人的小动作，就让同龄的异性倍感亲切并想要许诺一生来守护。由此可见，得体的言行，其力量是多么的强大！

亲爱的姑娘，言行得体不仅是你良好修养的表现，更是你内心强大的反映。因为只有内心真正强大的人，才能够学会控制自己的言行，不会失态，更不会言行失控，变得歇斯底里。就好比，你可以选择充满力量地大声喊叫，你也可以充满激情地高声歌唱，但是你却不会声嘶力竭，一切都是那么的恰到好处，尽在你的掌握之中。到那时，很多事情，不用言说，便会自然而然地发生。当你想要疾言厉色的时候，告诉自己，安静下来，选择和风细雨；当你想要当面大声呵斥对方的时候，告诉自己，保持淡定，学会容忍谦让，选择柔声细语；当你抑制不住言辞犀利的时候，提醒自己，学会收放，选择微笑应对。而当你明明可以选择疾言厉色，你却主动选择了和风细雨，这样的情况下，即便外貌条件再差，也必定会遇到懂得欣赏你的异性。而你的人生，也会因为能够驾驭这样大的“跨度”而变得更加美好。

电视剧《甄嬛传》中的女主甄嬛，在得到盛宠的时候，仍然不忘告诫自己不管对待任何人都要言行得体，哪怕是地位比她低下多少倍的奴婢、奴才，仍旧宽容以待。甄嬛不仅这样要求自己，也要求自己身边的婢女浣碧，一再叮嘱她要得体对待别人。浣碧喜欢耍些小性子，甄嬛知道她的秉性，便在许多时候刻意提点，让她低调，不要得罪无谓的人。

这样的做法，固然跟皇宫内危机四伏的利益争斗不无干系，很多看似地位卑微的奴婢、奴才，其背后却不知会有如何强大的权势存在。但从为人处世的另一角度来说，甄嬛这样谨小慎微，得体对待他人的态度才是她日后得以从皇宫外成功回归，更胜从前的个人魅力原因所在。

电视剧中，果郡王对待甄嬛可谓是真爱，为了她几次三番涉险，最后甚至牺牲了自己的生命。而回顾两人的感情发展过程，更加令人敬佩的是果郡王对待甄嬛“行于礼，止于情”的敬重态度，而这一点，恰恰让甄嬛认定果郡王是一个懂得她的君子，而不是趁她落难想要欺负她的小人。其实，私以为，反倒是甄嬛之前在宫中对待果郡王的态度铺陈在前，正是因为甄嬛的得体言行，果郡王才会如此敬重地对待甄嬛。在皇宫内，甄嬛与果郡王就有过几次“邂逅”，如果换作其他妃子，必定会想方设法取得这位皇帝最信任的兄弟的好感，以求他日有所关照。而甄嬛从未如此对待，她始终当果郡王如同一个潇洒自在的陌生王爷，除了以礼相待，再无半点越矩。同时，在果郡王隐晦表现出可能存在的爱慕之情时，甄嬛选择视而不见、听而不闻。试问，这样的才情与聪慧又会有哪个男子不倾心?

亲爱的姑娘，说话本身就是用来向别人传达思想感情的。所以，说话时的神态、表情都很重要。就好比你向别人表示祝贺的时候，如果只是嘴上说得十分动听，而表情却是冷冰冰的，那不用说，对方也一定会认为你是在敷衍他。如果这时你说话态度诚恳亲切，对方一定会认为你是一个表里如一的人。你想要传达什么样的情感给别人，就用什么样的言辞神色去与别人沟通。所以，亲爱的姑娘，要想获得异性的尊重，首先我们要做到自己的言行得体！只有你的言行首先得体，才能更好地获得异性的尊重。

从正当渠道了解性知识

在国内的教学中，“性”似乎是个非常敏感的话题，是一个人们都羞于谈及的话题，尤其是70后之前的父母辈们，对于子女的教育从未有过相关的话题。但其实，笔者认为，性知识应当同我们学习的其他学科知识一样，是人类在不断探索自身发展规律的过程中获得的经验总结，是人类文明和智慧的结晶。亲爱的姑娘，我要告诉你的是：不要羞于了解和掌握相应的性知识，它会让你消除对性的神秘感，促进自身生理和心理的正常发育。掌握正确的性知识，不仅能让我们平稳度过青春期，还能让我们更好地学习与生活。但是，亲爱的姑娘，一定不要自己偷偷摸摸地私下了解，而要大大方方地从正当渠道了解。这两种渠道所能获得的体验必定是截然不同的。

人有七情六欲，会有对于性的渴望完全是一件很正常的事情，并没有任何可以觉得羞耻的。因此，我们也应当通过正当渠道去学习相关的性知识，这一点也应当是我们正确对待性文化的基本态度。根据一项对中学生性知识文化的调查，我们得知：91%的男生和92%的女生表示并不了解相关的性知识，有很多关于性方面的疑惑，希望能够通过专业的渠道来获得解答，而最终他们获得的解答有72%都是自己从医学书籍、有关报刊以及影视剧中得到的，而他们也无法肯定这样的答案是否为正确的。而有21%以上的同学是从同学、朋友的讨论中得到的答案，这样的答案更加不知正确与否。调查结果显示，家庭与学校是青少年获得性知识最少的两块领域，而很不幸的是，这两块恰恰应当是青少年获取健康性知识的最正当渠道。私以为，这其中必定有中华民族传统与各自身家庭的根本原因，但究其根本，青少年自我的个人原因也是不可忽视的一大因素。亲爱的姑娘，如果你想要知道有关性的一些知识，请大大方方地向你的父母求助。再次，你也可以选择购买一些较大的出版社出版的有关性的专业书籍进行学习，以获得最专业、最客观的讲解。打消内心对于性的神秘态度，才能更加懂得该如何更好地保护好自己的隐私。

20世纪70年代，在刚刚恢复高考的那个年代。有一对夫妻，双方都是博士，各自在自己的专业领域内拥有一番小作为。他们结婚3年，女方仍然没有任何怀孕的迹象，于是便到医院去检查身体，查看是否患有身体上的隐疾而未可知。结果换了好几家医院，两人都没有查出有什么疾病，于是医生便劝他们不要着急，让他们回家好好调养，可能只是时间问题。

时间匆匆又过去两年，两人还是没有任何的消息。这时，家中的老人终于坐不住了，带着他们奔波于各大医院，但是最终的检查结果又都是没有什么疾病。于是有人建议他们去看心理医生，做心理筛查，看看是不是各自在科研领域里面压力太大而导致的。心理医生给他们做了详尽的心理分析，发现这两人的心思都极其单纯，各自在自己的专业领域内奋力拼搏，也并未有什么不妥，他们对于人生的态度也很豁达，并不像是饱受压力折磨的模样。

最终，心理医生多次沟通无果之后，家里人几乎准备放弃希望了。领居家的大姐过去找女人聊天，想要传授一点生子偏方，最终的聊天结果却让所有人大吃一惊：女人居然还是处女之身。原来，两人尽管已经结婚5年，却没有过一次性生活！并不是两人都太忙没有时间，而是两个“学霸”竟然都不懂得怀孕分娩首先需要有性生活，两人一直以为电视剧中演的“相拥而眠”就是所谓的夫妻生活。这也就难怪夫妻两结婚这么久没有小孩了。

这两个博士生的故事听来好笑又让人觉得荒诞，两人都是科研领域内的顶尖人才，却连最基本的生理常识都不了解，由此可见，很多有关性的知识如果没有专业渠道的传授，的确会给人们造成极大的困扰。对于很多人来说，也并不是每一件事情都会像父母辈认为的“有些事情不用教，自然就会的”。

如果生活在现今这样信息高速发展的社会，这两个博士生的荒诞故事或许不会再存在。但我们仍然提倡要通过专业规范渠道获得正确的性知识。生活在一个信息爆炸的社会时代，你永远都不用发愁该通过何种渠道获得想要的信息，即便你不想，也总会有很多信息不请自来。也正是如此，我们更加应该通过专业渠道了解相关性知识。

坚决拒绝异性的性要求

走在路上，我们都会有这样的经历：一些健身房或者美容院的推销员，他们或在寒风中，或在骄阳下拿着手上的宣传单，见人就问：“健身吗？需要办健身卡吗？我们现在有优惠活动的，需要了解一下吗？”其实，这种街边的地推模式，很大程度上都只是在碰碰运气。一般如果不是很感兴趣的人，可能看都不会看上一眼这些推销员，而对于这种纯属路过的人们，这些推销员也不会花费力气白白纠缠。

我曾经有那么一次，时值寒冬，因为看到那个人在寒风中瑟瑟发抖却还一直在不断地推销，出于心底的善意，我就停下脚步接过宣传单并简单询问了两句，结果可想而知，这名推销员就“黏”上了我。但其实，我根本不想办健身卡，以前我曾认为自己会有足够的毅力能够坚持

去锻炼健身，也想要依靠这种缴费的手段刺激自己学会坚持，但是实际情况却是我严重高估了自己的自制力，一年的会员卡实际能去十次就算很不错了，平均下来一次几百块钱，实在是太浪费了。因此，我加快离开的步伐，尽力回避他们的问题，但是这些推销员依旧紧跟着不放松，极力要求我留下联系方式，直到我非常果决地说我不要办健身卡之后，眼看推销无望，他们才停止纠缠。但从那以后，每次走到那个路口，我都尽可能地快速通过，生怕会被他们认出来，每次路过都不敢看他们的眼睛，仿佛亏欠了他们，不敢直视。

我曾认为自己是一个非常敢于拒绝别人的人，但是通过这次的事情，我发觉自己还是不够勇敢果决。推销员之所以会黏住你，很大程度上是因为你态度暧昧，不够明确，让他们认为你是他们的潜在客户，所以就愿意投入时间与精力与你周旋。就像我第一次办健身卡，就是因为不好意思拒绝，被别人以“留下电话号码帮个忙完成任务”这样的理由说动善心，留下了自己的手机号码，后又被一步步的开业优惠、免费到店领取礼包等电话营销吸引到店面，然后被销售员们集体包围，被他们说的好像不办卡就是错失了多么大的优惠一样，最后掏钱办了会员卡。

实则，有很多自己并不愿意或者没有想过要做的事情，如果早在一开始就果断拒绝，其实别人也不会觉得有什么尴尬，后面也就不会有一系列麻烦自己的事情。如果早就想过要拒绝别人，那么在一开始就果断拒绝，这样对大家的伤害都是最小的，越往后，别人付出的精力越多，你的决绝所带来的伤害也就越大。因此，不要在一开始因为各种“好面子”“助人为乐”这样的无谓理由而委屈了自己，这样的结果通常就是委屈了自己，辛苦了别人，最后的结果还通常不落好。因此，既然从未想过会有结果，那么干脆就将开始扼杀在摇篮里。

与异性相处的时候，也是同样的道理。很多时候，拒绝别人的确是需要勇气的。但是，亲爱的姑娘，我要告诉你，尽管需要勇气但却是非常值得尝试的。有些时候，你认为你的拒绝会破坏你们之间的关系，实则不然，当你对于能够做到的事情感到无能为力的时候，果断地拒绝别人，不给他任何幻想的机会，反而是对别人最大的尊重，对待异性也是一样的。当你表示出明确的拒绝之后，他会想办法重新寻找其他更好的机会。换个角度来说，实际上你是帮助他节省了更多的时间成本。

拒绝异性的性要求更需要勇敢果决。一个人的时间成本实际是最无价的，因此，不要让别人在你身上浪费过多的时间，是对于异性的最大尊重。我一直都认为这个世界上最悲惨的一个生物名叫“备胎”，他们在对方的世界里面永远都做不了主角，但却被心中的“神”魂牵梦萦，以致他们对别的异性视若无睹，错过了原本属于他们自己的人生精彩。有的“神”为了自己的安全感和虚荣，“骑驴找马”，担心“备胎”会跑，隔三差五还会回头挑逗一下，全然不顾“备胎”心中因纠结而产生的苦痛。这样的做法我们既不赞同，更不提倡。亲爱的姑娘，请你相信这世上实际上并没有一个人是傻瓜，即便有的傻也是出于对你的尊重与爱护。遇到这样的傻瓜请你珍惜，不要玩弄。如果不幸遇到的并不是傻瓜，那么你的挑逗只会是引火烧身。

亲爱的姑娘，坚决拒绝异性的性要求，不仅是出于对自我的健康保护，更是对年幼时未谙世事的我们心理上的保护，很多事情，等到过了那个时间点，再回过头来观望的时候，你会庆幸当时的选择，感谢当时的自己。很多事情，一旦错过便是一辈子难以忘记的遗憾，那么，宁愿，我们都不要经历这样的遗憾。

女孩需要学点儿防身术

亲爱的姑娘，有一个誓言，不仅是口头说说而已，要用实际行动来实现；有一个梦想，不仅是凭空想想而已，要用青春来拼搏；有一种保护自己的意愿，不仅是坐而论道就可以，要用防身术来实战演练。防身术是一项运用踢、打、摔、拿等武术技击方法，以制服对方、保护自己为目的的专门技术；是一项应用于个人自我防卫的一种技术，是以在自己身体受到攻击时所能采取的高度自我防卫策略与技术手段；是消停侵袭，维护个人人身与财产安全的一种保障。关键时刻，远水解不了近渴，求人不如求己。

亲爱的姑娘，将时间花费在学习防身术上是一件很有意义的事情，远比你一直追剧吃零食要有意义得多。学习防身术不仅能够加强身体锻炼，保持健康体魄，更能够训练好自我的专注度，充实自己的人生。通过有限的训练时间让自己学会思考，将生活的烦恼宣泄掉，成为更好的自己。亲爱的姑娘，学会重新规划自己的人生吧，将有限的休闲时间重新规划，每周只需匀出一点你的休闲时间，用来学习保护自身安全的防身术，不仅能够增强你的体质，防患于未然，而且能够使你在遭遇危险的时候心里有底，增强自信。这样的日积月累，比你花费时间追剧形成的结果要好得多。很多时候，气质的提升与人的精神状态关系很大，发自内心的安全感与满足感会让你在面对任何突发意外时更加淡定从容。

女孩兰兰，25岁，正当花季。她独自在外务工，租住在某个街道的二楼居民楼里。2014年5月的某一天，兰兰正在自家的卫生间内梳洗化妆。突然，闯进来一名男子从后面用手臂将兰兰的脖子夹住，并准备拖到卧室，欲行不轨。兰兰心里非常害怕，但是强作镇定，想着该如何脱身。于是便假装答应男子与他发生关系，但是她同时提出要去客厅拿安全套这样更安全。男子听了之后相信了兰兰的话，便将手放开让兰兰去客厅拿安全套。兰兰来到客厅之后，迅速翻出放在抽屉内的防狼喷雾往门口跑。男子觉察到了兰兰的意图，马上追到客厅去拉兰兰，兰兰朝男子迅速喷防狼喷雾，趁男子抹眼睛的时候赶紧使尽全力将其推到门外，迅速关上防盗门，返回屋内镇定报警。

几天之后，该男子因为盗窃、强奸罪而被公安机关抓获。经查，该男子姓周，曾经就因为强奸罪而被判刑，2013年10月刑满释放。出狱之后的他没有固定工作，经常流窜作案，入室抢劫，遇到单身女子便动劫财劫色之念。当天，他见兰兰家的防盗门没有关，便进去准备偷窃，遇到兰兰穿着性感正在化妆，便生了歹念，不料碰到兰兰这样一个懂得防身的机智女孩。随后，人民检察院对该起盗窃、强奸案提起了公诉。

上面的案例，犯罪嫌疑人多次利用入室盗窃的机会，对单身女性实施性侵的案件。亲爱的姑娘，平时在家时一定要增强防范意识，注意关好门窗，不给犯罪嫌疑人任何可乘之机。当发觉外面有可疑人物时，单身一人时请不要独自查看，应当打电话报警或者找来朋友壮胆以策安全。不管何时何地，我们都一定要记住，人生安全才是首位，遇到危险时一定要保持冷静，机智地与犯罪嫌疑人周旋，尽量避免和犯罪嫌疑人发生正面冲突，一旦发现犯罪嫌疑人有所松懈，立刻抓住机遇，积极自救。

亲爱的姑娘，学会适合自己的防身术，很大程度上就是在遇到危险的时候拯救自己的生命。防身术不仅可以依靠学习一些格斗技巧来实现，也可以通过随身携带防狼喷雾、小电击棍来实现。在遇到突然袭击的时候能够及时使用，增强自己的防身能力就是适合自己的防身之术。亲爱的姑娘，拥有一定的防身技术并不是一定要将犯罪分子打倒在地，而是能够在遇到袭击的时候，能够有效遏制犯罪分子继续施暴的可能，为自救赢得宝贵的时机。

亲爱的姑娘，意外往往就发生在你没有防备的一瞬间。如果我们有幸提前学习到了一定的防身术，具备了一定的防身技巧，懂得如何自救，那么意外就不会称为意外，而只是生命中的一个小插曲。所以，花费一点时间，学习一点防身术吧。为了爱你的亲人以及你爱的人，保护好自己的生命安全，学习好保护自己的技能，有则用之，无则备之，这样的人生岂不很帅?

遇到色狼，要机智应对

小的时候，我们总是憧憬着长大，似乎长大了，脱离爸妈的怀抱，我们终于可以变成自己理想的模样。然而总是在长大之后，我们才发现：生活总是充满了意外，很多事情并不会按照我们设定的流程去规律地运行，更多的时候，我们所能做的，就是顺其自然，然后在力所能及的范围内学会抗争，学会保护自己，最后将生活变成自己想要的样子。

人生中的意外与抗争，第一课便是机智应对色狼。遇到色狼，是我们都不愿意的事情。但是，亲爱的姑娘，人生就是会遇到很多你并不情愿的事情，遇到很多你没有办法改变只能尽力保护好自己的事情。遇到色狼的时候，不要慌张，他们往往并不可怕，甚至很懦弱，只会欺负胆小的姑娘。当你变得勇敢，他们就会变得弱小，而假使你选择了默默忍受，他们只会更猖狂。所以，亲爱的姑娘，面对被欺负，请学会勇敢拒绝。

贞观年间，唐高祖李渊的儿子李元婴被封于滕州，被称为滕王。后来他曾在洪州（今江西南昌）担任刺史一职，由于他对故地滕州很有感情，因此，找人修建了著名的滕王阁。有关他的故事也就发生在滕州。

相传，这位滕王的人品并不怎么好，十分好色。对此，手底下的一众官员都是敢怒而不敢言，因为据说只要是他手底下的官员，不论谁家的老婆，只要稍有姿色，都会被这个滕王以王妃的名义叫进王府里去行轻薄之事。手底下的官员无一不叫苦连天，但又都怕得罪他，因此，没人敢向上面禀告治他的罪。

有一次，滕王手底下新调来一个小吏名叫崔简，主要负责一些文书工作。崔简的老婆郑氏长得就十分漂亮，她刚来洪州的第一天，就被好色的滕王看上了。这天，滕王准备和往常一样，打着王妃的旗号准备召见这个郑氏。滕王当时的风流韵事早就传遍了滕州，这个崔简自然也听说了，看到滕王果然召见他的老婆，内心更是惶恐不安。他心想，如果自己不让老婆过去拜见的话，这无疑就是明着跟这位滕王撕破脸皮，一定会得罪这位滕王。可若是让老婆前去的话，又等于是送羊入虎口，这可怎么能够接受。崔简左思右想，始终没有想到一个左右逢源的好方法。岂料，他的夫人郑氏却很淡定。她宽慰崔简说：“你放心，夫君，现在这太平盛世，岂容这个滕王只手遮天、胡作非为！”于是，郑氏化好妆按照滕王指定的日子前去拜见。

这位滕王早就在府内等待得饥渴难耐，一看到郑氏进了府内，什么也不管不顾，立刻冲上前去抱住郑氏想要非礼她。岂料郑氏有备而来，她一个巧妙的转身就躲开了滕王的拥抱，郑氏佯装并不认识滕王，嘴里大声呵斥：“哪里来的家奴，居然如此不懂礼数，我定要替你们王爷好好教训你不可！”说罢，郑氏取下自己脚上的一只鞋，猛地朝滕王的脑

袋上打下去，打得滕王措手不及，当下难堪至极，又不好当即承认自己不是家奴，而是滕王。旁边的奴才们看到滕王挨打，有的在心里默默偷笑，却没有人敢上前制止，只得赶快去通知滕王妃过来解救。滕王原本只是想着挨几下打就算了，却不料这个郑氏并不是好惹的主，她用鞋打了几下滕王感觉不过瘾，又用手前去抓挠滕王的脸，将他的脸上抓得左一道右一道的血印。

等到滕王妃急忙赶来制止的时候，滕王的脸上早已经血流不止。这时，看到滕王妃，郑氏方才罢手，仍然假装十分气愤地对滕王妃说："王妃，这个家奴好不懂礼，我前脚刚刚进了王府大门，他就敢上前非礼我，请王妃从重处置这个家奴！"滕王妃只得讪笑，让人将滕王扶了下去。由此，郑氏成功脱了身。这一顿打得滕王真是哑巴吃黄连，有苦说不出。

滕王被打之后，脸上破了相，休息了十几天才回到府衙上处理政事。等他好不容易将脸上的伤养好之后，一去府衙办公，这个崔简就佯装上门请罪。滕王自然不敢让崔简当着大家的面给他请罪，于是赶紧躲起来不敢露面。世上没有不透风的墙，很快，滕王被打的事情就传遍了洪州，大家都夸赞这个郑氏有勇有谋，替大家出了一口恶气。之前很多被滕王欺负过的美女都一边羞于自己的怯懦，一边对滕王被打一事感到大快人心。

你看，即便富贵如封建时代皇帝的儿子，行为不端引起众怒也会被教训得很惨，更何况是生活在讲求公平公正的现代社会中呢？因此，亲爱的姑娘，你大可以相信自己，相信这个时代。我们可以不相信有神明的存在，但是我们可以有自己坚定的信仰。相信自己在遇上这些糟糕事的时候，完全有能力可以处理得很好。

不与父亲以外的任何异性单独相处

都说“人心险恶，世事无常”，仿佛这个世界满是会让我们受到伤害的坏人；又都说“远亲不如近邻”，似乎这个世界并没有我们想象的那么邪恶不堪，生活中还是好人居多。但其实，这个世界并没有那么坏，但也绝对没有我们想象中的那么美好，很多悲剧的发生往往就是出于我们的太过天真，太过相信极致的美好。我们所倡导的既不是完全地拒绝这个社会中所有的一切，也不是天真到对所有可能发生的事情毫无防备，而是“安全第一”。因为，每个人的生命都只有一次。没有了生命，即便你再美貌、再聪明，所有的一切也都只是空谈。所以，亲爱的姑娘，不管你用什么样的心态面对这个世界上的两性关系，不管你身处什么样的环境，不管你如何相信周围的异性朋友，“安全第一”始终是我们应该坚守一切的根本前提。

与异性相处的时候，该如何保护自己的安全？最有效、最直接的方法——不与父亲以外的异性单独相处，避免落单的可能，避免意外出现的可能机会。亲爱的姑娘，不要以为所有的意外都离你很远，所有的被拐卖、被迷奸事件都是危言耸听。事实上，很多时候就是隔壁村王二的事情，一不小心对象就有可能变成你自己。

再次见到小云，她的变化让我大吃一惊。眼前这个神情呆滞、目光闪躲的女孩是我无论如何都不会与印象中的小云联系在一起的。还记得我们初次见面的时候，小云活泼开朗，待人热情，见谁都是笑眯眯的。“不知从什么时候开始，小云开始害怕见到生人，不愿意跟人多说话，后来慢慢地越来越沉默，现在见面能跟你微笑一下就很好了。”小云的妈妈愁眉苦脸地对我说道。“发生什么事情了吗？有没有带小云去看一下心理医生？”我赶忙问道。小云的妈妈欲言又止，脸上的神色却流露出许多的悲伤与后悔。

后来我们又见了几次面，小云对我有了新的印象，神色也不是那么害怕了。每次见面，我都会提前做好一些功课，想着该如何帮助小云一步步走出来。刚开始的几次见面，我们并没有过多的交流。打开舒缓放松的音乐，我在一旁忙着我自己的事情，小云就在一旁谨慎地对我进行观察。终于，在独处了几次以后，小云开始不再害怕我的存在，即便她困了想要睡觉也可以舒服地、自顾自地睡去。后来，小云开始见到我微笑。再后来，她开始跟我说话。我从来不主动开口问她经历过什么，我知道这一定很难，我等待着，等待小云主动开口跟我说。终于，又过了很久，小云把她的故事告诉了我。

小云说她大概永远都不会忘记那一年的那一天。那是5年前发生的事情，那一年小云13岁，刚刚升入初一。那一天，小云的爸妈都出去了，只有小云一个人在家。没过多久，就有人过来敲门，是隔壁李叔的儿子李龙，比小云大4岁。两家的关系很好，李叔经常带着李龙到小云家来玩，两家人也经常开玩笑地说以后要结成亲家，变成真正的一家人。小的时候，李龙经常过来找小云一起玩。原本两家父母都在，两个人在房间一起讨论玩耍的时候并没有觉得有什么不妥，但是随着两人年龄的增大，在一起玩耍的时间也越来越少。李龙仿佛遇上了什么不开心的事情，说要找小云聊聊天。善良的小云像儿时一样将李龙带到了自己的房间，李龙却反手将房门锁了起来，后面的事情来得猝不及防，更出乎意料。

小云说：“我整个人都是懵的，也很害怕，但是我不敢告诉我爸妈，因为李龙从小就很优秀，说出来我爸妈一定不相信。”就这样，这件事情慢慢地在小云心里埋下了种子，渐渐生了根，还发了芽，而她的父母还一无所知。我曾问过小云，为什么那么害怕告诉爸妈，为什么不报警？小云说，有一次，她曾经想告诉妈妈，但是妈妈却只会每天催促她加紧学习，责怪她越来越内向不懂事。“我觉得我妈妈一点儿都不理解我，我不想跟她说，说了她也不懂。”小云说道。

得到小云的允许以后，我将实情告诉了小云的妈妈。小云的妈妈泪如雨下：“我一直以为是我一直批评她，所以她越来越胆小，谁能想到我不在家的时候还发生过这样的事情。”

像小云这样的事件可以说很普遍，并不是个案。很多时候，我们都以为能够伤害到我们的都是穷凶极恶的歹徒，因此，我们极尽所能地防备来自外部的陌生人，却忘了防备很多在我们身边的“熟人”，也正是对身边相熟异性的信任与放松才造成了诸多的悲剧。公安部门的年度调差中显示：有60%的类似案件都是发生在相熟且没有防备的熟人异性之中。不与除父亲之外的异性单独相处、单独外出成为我们每一个女孩都应该熟记的常识。

第4章

做一个剔透的女孩，别被周围的假象所蒙蔽

“眼睛是心灵的窗户”，这句话放在美瞳盛行、化妆成为出门必备的现代社会已经不再实用。在这个人人都戴着面具生活的社会里，我们每一个女孩都应该学会“读心”，学会识人。“读心”需要我们收起绝对的善良与理解，学会运用已有的知识体系对眼前的所见所闻进行分析与思考，学会对人进行了解并分类，学会透过现象了解本质。

亲爱的姑娘，当你学会了透过现象看本质，或许你会失望，或许你会沮丧，但是请你不要失去继续拥抱美好的勇气与希望。生活中的很多事情我们的确没有办法改变，但是我们可以选择，选择自己想要深交的人与事，选择自己能够拥抱的美好，选择自己更加适合的人生。

见面识人，对人要有初判断

亲爱的姑娘，我很不愿意但是却又不得不告诉你：这个世界并不是你所想象的那么美好，你所想象的完美无缺的人类通常都只存在于偶像剧编剧的笔下，真正的人类总是既现实又精明。很多你第一眼看上去并不是很好相处的人，事实证明的确也不会好相处到哪里去；很多你第一次有利益冲突时，让你觉得有点尖酸刻薄的人，事实证明她的确很刻薄，或许是你跟她并不投缘，但是不管出于什么原因，她对你就是很刻薄，你也就没有必要刻意迎合。

我们所处的花花世界总是很精彩的，遇到的人也是多种多样，什么品质的都有。亲爱的姑娘，面对各种不同性格的人，从不要求你要去跟每个人都相处得游刃有余。我只要求你不要错把没心没肺当成自己永远骄傲的资本，相信我，这并不值得你去过多地骄傲，一时的没心没肺并没有什么令人骄傲，有本事你能够一辈子都没心没肺地生活。就像“愿你的善良是有锋芒的”“遇到不要脸的奇葩，宁愿你不善良”逐渐成为主流大众共同认可的一个价值观。因为很多时候，存在的即为合理的，这并不只是说说而已，而是事实。

见面能够很快地识人，能够很快地对人有一个初步的判断。与其说这应该是一种能力，需要刻意的培养，勿宁说这应当是一种本能，你要形成条件反射。亲爱的姑娘，让你学会见面识人并不是让你变得现实无聊，只是要求你本着保护自己的根本宗旨，学会判断。判断对方的好与坏，判断对方的可靠程度，判断对方的相处界限，如此而已。

见面识人，听着高深莫测，实际都有一定的科学依据。有人曾经说过："心者，行之端，审心而善恶自见；行者，心之表，观行而福祸自知。"这就是说，人的心和行为都是有据可循，可以观察的。语言可能会有所隐藏，脸上的表情却欺骗不了别人。学会识人，第一步便可以从观察表情开始。

春秋时期的淳于髫在"见面识人"这方面是个高手。春秋时期，梁惠王一心想要振兴本国，发榜召集天下高人名士。于是，有人多次向梁惠王推荐了淳于髫，梁惠王也连续召见了淳于髫好几次。但是奇怪的是，每一次梁惠王屏退左右想要与他倾心密谈的时候，淳于髫都沉默不语，弄得梁惠王很难堪。于是，梁惠王责问举荐之人："你对寡人说淳于髫有管仲、晏婴的才能，但据寡人所见，此人却不善言辞，恐怕徒有虚名吧。"举荐的人虽感觉到不可置信，但也百思不得其解，只好前去询问淳于髫。而淳于髫却笑笑回答道："确实如此，我也很想与梁惠王畅所欲言、倾心交谈，但我似乎每次去的时机都不太对。"举荐人便接着询问缘由，淳于髫说道："第一次召见我的时候，惠王陛下虽屏退了左右，但脸上却有驱驰之色，应该是想着驱驰奔跑一类的娱乐之事，这种情况下，我的谏言必定没有时间能够说通透，那我便不如不说。第二次的时候，惠王陛下脸上全是享乐之色，应该是还在回味刚刚结束的声色表演。惠王陛下沉迷于其中，又怎么能够倾听我的谏言呢？所以我又没有说话。"

举荐的人如实将淳于髡的话禀告给了梁惠王，梁惠王一回忆，那两日果然都如同淳于髡所言。梁惠王这下非常佩服淳于髡的识人本领，再次召见淳于髡并对他进行了重用。

见面识人，是一种本领，让你对对方迅速做出一个大概的判断，让你能够对人具有正确的初判断。生活在复杂的人类社会中，或是由于害怕被欺骗，或是由于担心被嘲笑，我们每个人都或多或少地学会了掩饰自己内心的真实情感。这时，能够正确地读取别人脸上真实的表达情感不仅能够准确地保护好自己不受伤害，还能让自己拥有更加顺畅的人际关系。就好比两块一样的方形小石头，我们不必让自己变成绝对的圆球以防滚下山坡的时候速度太快，却可以让自己变成拥有12个圆弧边的正方体，上坡时借助圆弧的力量更加容易，下坡时借助正方体的边形更加缓慢。

亲爱的姑娘，我们每个人都期待自己可以完美，完美到成为万人迷。但事实却是，当你成功地成为万人迷，我们所发现的人类早已变成上亿。每个人的人生都注定了会有些许遗憾，不同的是，你可以通过自己的努力，让这些遗憾尽可能地减少。见面识人，对人能够有个初判断是你学会成熟、迈入社会、努力减少生命中的遗憾的第一步。

机智策略，不被谎言欺骗

无论身处在什么时代，在教育子女的时候，父辈们似乎都会提倡“诚实守信”。所谓诚实守信便意味着真诚、老实、遵守约定。从中华民族的文化传统美德以及社会的道德制点的角度来说，至少没有人是反对诚实守信的。然而，今天我们所要分享的却是“学会机智策略”。

亲爱的姑娘，所谓机智策略，并没有任何的贬低成分，并不是让你学会虚伪。而是提倡在保护好自己的前提下，用辩证的、怀疑的眼光去思考别人传达给我们的话语，学会自保，学会分辨谎言与真话，学会从鱼龙混杂的人际交往中筛选真正对我们有积极作用的信息，而不是傻傻地被利用、被伤害。

曾经，我们信奉：你真诚待人，别人自会真诚待你。这样的道理应该说在绝大部分情况下仍然是正确的，也仍然值得我们去相信，去为之而奋斗。但是亲爱的姑娘，我们总要长大，总有可能会遇到很多童话故事中并不存在的邪恶，总有可能会遇到很多我们的亲人并不乐意让我们经历甚至知晓的悲惨，总有可能会遇到很多超乎你的想象甚至闻所未闻、与时俱进的谎言。亲爱的姑娘，无论你身处在多么有爱的家庭，无论你生活的环境多么优良，无论你所拥有的资源多么丰富，有一点是你无法改变的——个人的成长无法替代，只能前进不能回头。无论外界的环境是好是坏，个人的内在成长却都只能够靠我们自己。所以，亲爱的姑娘，很多父辈无法言说的人生道理，只能我们自己去感悟。

就在前几天，微微亲手拉黑了一个交往5年的好朋友。没错，是交往了整整5年的时间。提及拉黑的原因，微微感觉很委屈。“当初她来深圳的时候，住在我这边，住了整整1年，我从来没有跟她计较过。”说起这件事情的时候，微微还是掩饰不住的委屈，几度想要落泪。

微微交往了5年的这个朋友是她的同乡，两家的父母都住在同一个小区。微微毕业之后就来到了深圳，算是一个小姐姐，家里的父母总是叮嘱她要多照顾照顾这个同乡的小妹妹。除此之外，两个同乡的人共处在陌生的大城市里也算是互相有个照应。因此，但凡遇到这个妹妹的事

情，微微总是不遗余力地提供帮助——在她刚刚来到深圳找工作的1年时间里，没有收入来源，微微就将自己的小房间分享出来，请她同吃同住。谁都知道这会有多么的不方便，但是也这么过来了。在她加班到深夜的时候，微微不放心她的安全，总是在她的公司楼底下等着她一起回家；在她失恋难受的时候，微微总是陪着她一起度过，买醉到深夜，宁愿第二天顶着硕大的黑眼圈去上班；为了帮助她顺利晋升，有1个月的时间，每天下班之后，微微都牺牲自己的私人时间，陪着她一个字一个字地琢磨文笔。

这还不算完，就在前两年，这姑娘谈了一个男朋友，觉着还挺合适的，很快就搬出去同居了。后来，他们想要在深圳买房结婚，还没等到姑娘开口，微微就主动借了3万块钱给她……某天，姑娘转了一篇文章给微微，说是她的新文章，需要有足够的阅读量，她觉得微微的公司资质更高，如果能够在她的公司平台里面群发，一定会引起不小的效应。姑娘便拜托微微帮忙将文章转发到她的公司微信群里。然而，微微在阅读这篇文章之后发现文章中所表达的观点正是前两天她们领导提出需要规避的观点。于是，微微便拒绝了她的要求，但是也没有方便将原因说得通透。微微以为以她们之间的关系，很多事情并不需要解释，她一定是可以理解她的。

然而就在几天以后，微微想要约她一起出去聚会的时候却被拒绝了。原本也没多想的事情，偏又从聚会时共同的朋友那里看到了她屏蔽掉微微发送的一条朋友圈：好爽！今天拒绝了一个伪君子！

呵呵，微微凄笑一声，没有解释，没有过问，主动将她所有的联系方式拉黑了。

亲爱的姑娘，现在你能明白为什么我们要学会机智策略吗？有时候，我们认为只要足够善良诚实、谦让，这个社会就会自动为你留下一处栖身之地。但是，亲爱的姑娘，许多的悲惨经验都告诉我们，事实并非如此。所谓的“斗米为恩，担米却成仇”，说的就是这样的道理。人心有时候就是如此微妙，在饥寒交迫的时候，你给别人一碗饭，他会感恩戴德。但是如果你继续给，他就会把这些善举当成是理所当然。如果你不能学会机智策略，不能学会让自己释放拥有棱角的善良，只是一味地傻傻地给予。那么，相信我，你的善意、你的退让、你的诚实与真诚在这些人面前，只会变成他们获取自身利益的渠道。你的不机智与不策略只会激发他们人性中最为叵测和最邪恶的一面，而你只会成为一个“傻子”。

亲爱的姑娘，学会机智策略，学会分辨别人的谎言。让自己的善良拥有棱角，将你宝贵的善良给予真正需要的人，而不要用自己毫无原则的善心，养出一群嗜血的白眼狼。就像主持人董卿曾经说过的：“有棱角的善良才是真善良，没有锋芒、没有棱角的人，是很难在这个粗鄙的世界走得更远的。”

感情，是人世间最美好的表达

不知道有多少人有过这样的经历？24岁，刚刚走出校园大门步入社会的时候，回家过年遇到一年才见一次面的七大姑八大姨，大家询问的第一个问题必定会是谈恋爱了吗？有对象了吗？这时，你的内心或许会有那么一丝疑惑，怎么才刚刚从学校毕业了一年，询问的问题就从“找到工作了吗？”变成“有对象了吗？”仅仅也就一年的时间，为什

么变化就会如此之大?

很多父母，可以说是组成我们这个社会的大部分父母都是如此。在我们初中、高中的时候，有的甚至到了大学也还是如此，他们会跟我们反复强调一个问题——不要早恋！他们会给我们灌输一切有关早恋并不美好、早恋多么可恶的道理，并用一种过来人的身份郑重其事地对我们宣扬早恋的危害，有的甚至只是粗暴地通知你，绝对不允许早恋，否则一切后果自负。然后，你听从了他们的话语，选择成为他们心中的好孩子，对向你表示好感的男孩视若无睹，每天两点一线沉迷于题海，终于考上了一个很好的大学，达到了他们的预期，这时你很高兴，他们更高兴，你便认为这个事情就是正确的，对待感情的方式就应该是如此。等到你上了大学以后，又遇到了让你心动的男生。这时，父母对你说，大学期间还是应该要以学业为主，要努力考研，要考很多很多的专业证书，这样以后才能找到一个好工作。于是，你再次听从他们的话语，选择按耐住心底的心动。多少次的擦肩而过、怦然心动都被你硬生生地压制住……后来，你不负众望地考上了研究生，考到了很多的证书，毕业的时候找到了一份还可以的工作。紧接着，你想起了曾经的怦然心动，你想将过去的努力压制尽情地释放，然而现实却无情地将你所有的幻想全部熄灭，那个曾经让你心动不已的人早已有了他自己的“念念不忘”，就算侥幸他恢复了单身，你却发现，或许是因为早已过了少女怀春的那个年纪，你们在一起以后，竟没有你曾想象的那么梦幻。

曾经，我们的父母、长辈总是喜欢对我们说：“等等。”很小的时候，你想要一个洋娃娃，父母对你说：“等等，等你过年有了压岁钱就给你买。”初中、高中的时候，你跟父母说遇上了一个让你喜欢的男孩子，父母如临大敌，对你说：“等等，等到了大学你就可以自己谈恋爱了。”考上大学以后，你跟父母说有一个你很喜欢的男孩子在追求你。父母考虑了一下，还是对你说：“等等，等到你毕业了找到好工作了，到时候让你挑的人一大把。”久而久之，你习惯了听等等，也习惯了做等等。不管遇到任何事情，在你犹豫不决的时候，总是习惯性地告诉自己等等。殊不知，很多时候，一等就是一辈子。

亲爱的姑娘，你有没有想过，以前是父母对你说等等，现在是你对自己说等等，以后可能就会是你的老公在对你说等等。10岁的时候你想要一个洋娃娃没有人给你买说等等，20岁的时候你看上了一条美丽的裙子舍不得买说等等，然后终于等到了30岁的时候，你自己有能力可以给自己买一堆的洋娃娃，却发现你早已经不再喜欢洋娃娃。当初20岁时觉得很美的那条裙子也早已经穿不下去了，勉强将自己塞进去却发现你的脸跟这条裙子就像是隔了两个世界的物种见面，尴尬又陌生。这时候，你才恍然大悟：哦，20岁的时候是买得起10岁那年买不起的洋娃娃了，可是，20岁的你拿到了10岁时你想要的洋娃娃又有什么意义呢？洋娃娃放在那里也只会不断地提醒着你，时刻让你想起曾经内心的遗憾。很多时候，人生就是这样，错过了的事情再也不会回来。

亲爱的姑娘，其实我想告诉你：有些事情，现在不做，以后你也再不会做了，尤其是感情。你要相信，不管什么时候，感情都是这个世界上最美好的表达。在你20岁的时候遇到那个让你喜欢的男孩子就勇敢地说出来吧，因为就算被拒绝了你也只会后悔一阵子，总好过后悔一辈子。亲爱的姑娘，我并不是让你叛逆地跟父母对抗所有的话语，只是想要让你学会思考、学会反思。思考我们自己的内心，思考我们自己的人生。父母、长辈的建议一定不会是恶毒的，但也未必就绝对都是正确的。或者更恰当地说，未必都是最适合你的，他们只是依据自己多年的经验，结合自己认为的最好，给出了他们认为最为正确的道路，却忘了考虑你的感受，忘了考虑是否真的适合你。

亲爱的姑娘，勇敢地表达出自己的感情是一件很美好的事情。当时的你，或许会感觉到紧张与窘迫，但是多年以后当你回味人生的时候，我会保证你会感谢那时勇敢的自己。很多人在年轻的时候不理解青春到底是什么，等到有所经历，思考人生的时候，你就会发现：所谓的青春，就是勇敢，就是勇于表达自己，表达自己的感情。

路遥知马力，日久见人心

人生的很多事情都很玄妙，讲究缘分。而所谓的缘分，往往就是看能不能聊得来，说话投机与否。有的时候，你会发现有那么一段时间，你会突然和一些人关系很好，你以为你们彼此可以成为真正的朋友，然而现实却是不论你怎么努力，他们还是逐渐淡出了你的记忆。有的时候，你有可能会遇到一个你认为很投缘的人，投缘到你想要跟他天天黏在一起。可是突然有一天，他有可能就会一言不发地悄然离去。一开始的时候，或许你会万分伤心难过，认为自己的付出付诸东流。但是亲爱的姑娘，我想告诉你，这一切只是社会的常态。所谓人情有冷暖，日久才能见人心；世态有炎凉，患难才会见真情。很多你所认为的“理所当然”或许别人并不认可，所以才会产生你们认知的偏差与付出的偏差。

亲爱的姑娘，我想要告诉你：其实在这个世界上，除了自己的父母、长辈和近亲，别人都是没有义务为你付出分毫的。没有谁会天生自带好运，会让整个地球的人围绕着他来转。你所看到的别人的毫不费力其实都是他私底下的加倍努力，人际关系尤其如此。就像天下从来没有免费的午餐，天下永远也没有真正无私为你奉献的人，想要跟你交好，或是因为你们志同道合、势均力敌，或是因为你们相互帮助、利益相关。但是绝不会因为单纯想要为你付出，亲爱的姑娘，请你相信，世界上绝对没有这种对你毫无所求却用尽全力为你付出的人。就算有，也只会是你的父母，你最亲爱的家人。

生活中总是会看到这样的新闻：两个相好的朋友原本以为可以愉快地相处一辈子，最后却因为某一件小事或者某一个人彼此之间就产生了误会，最终成为连陌生人都不如的仇人。在你落难想要寻求帮助的时候，有些时候你曾经付出心力相交的人却还比不上陌路之间的侠义之人。所以，亲爱的姑娘，我们需要学会如何更好地保护自己，在向他人、向这个社会释放善良的同时，更应该保护好我们自己。真正的朋友应该是对等的，如果只是一味地向你索取而没有给你帮助，那么这样的朋友不要也罢。有的人可能会认为这样的言论太过现实，太过自我，但是，我想告诉你，亲爱的姑娘，如果你连自己的安危都无法保证，连你自己的快乐都无法守护，那么，你所认为的“为朋友两肋插刀、在所不惜的侠义”真的可以持续并传递吗？又或者说，你真的认为这样的友情是值得你为之努力并付出的吗？或许，这个世界的确没有我们所想象的这么残忍，但是，出于爱你的本心，真正爱护你为你考虑的人总是会将最坏的情况与可能都毫无保留地告知于你，让你早做防备。所以，亲爱的姑娘，不要怪我太现实，我只是将这个世界上的不美好提前告诉你一声，让你学会认知、学会了解并尝试接纳另一种可能性，而不会在遇到突发情况的时候只会偷偷哭泣或者伤心欲绝。其实，这一切都只是正常的现实而已，毕竟，真的没有人有这个义务需要对你毫无保留地付出而

毫不索取。

亲爱的姑娘，我不得不告诉你，很多时候，我们都需要学会和谁都不要熟得太快，不要对谁都掏心掏肺。因为真的不是每个人都希望了解你，愿意和你成为真正意义上的朋友。永远都不要以为自己在谁那里都能吃得开，这个世界上就是会有那么一些人，他们看不惯你过得总是这么顺心，所谓的“路遥知马力，日久见人心”，真正的朋友应该是那些明明已经看到了你所有的优点和缺点，却还是没有离开你的人。有的人或许很会说话，很会讨人欢心，你便认为这样的人是你的朋友。殊不知，亲爱的姑娘，语言很多时候都是假的，一起经历过真正的风雨的才的的确确是真的。当你的身边有说话很损的人的时候，不要讽刺，也不要排斥，也许他说的那些话正是你需要改正的弱点。而当你身边出现嘴甜的人的时候，反而应当当心，或许他只是在寻找能够欺骗你的机会而已。而当你分辨不清的时候，请将这一切都交给时光。时光会教你逐一看清每一张脸，只要你走得慢一点，你就会发现，在时光的沉淀里，谁才是真的在乎你以及你的一切的那个人。

不要被第一印象所蒙蔽

有一个词叫作“先入为主”，说的就是第一印象对于一个人对待某件事、某个人所造成的影响。就像观看美剧《欲望都市》的时候，有这样一个场景令我至今印象深刻：Charlotte当时和Trey已经分居了，但由于相互的利益牵扯，Charlotte并没有将之前答应的杂志拍摄取消。直到拍摄时间到达的最后一刻，Charlotte都没有把握Trey会如约而至。但是最终，

忐忑的Charlotte还是等到了Trey，似乎在最后一秒的紧要关头，Trey出现在餐桌前，完成了这个拍摄。精致的餐桌摆盘，美丽的太太和帅气的先生，上东区的早午餐，摄影师按下快门，定格了一张标准的上东区幸福美满生活的画面。令我印象深刻的是编剧此时安排给Charlotte的内心独白：在这本杂志出版的时候，我和Trey应该已经离婚了，但是又将会有无数的小女孩，会指着杂志里的这张照片说，这就是我以后想要的人生。

这段独白安排得恰到好处，令人印象深刻。我想，所谓的第一印象便是如此吧，现实生活中的确会有很多小女孩真的会因为看到杂志上的那一张“完美照片”而去认定她们心目当中的“完美人生”。但是，亲爱的女孩，我却想要借此告诉你：不要被第一印象所蒙蔽。

生活中，我们都会有这样的经验：当你处在一个完全陌生的环境里的时候，接触到任何一个陌生的人，我们都会很容易给对方贴上一个自己能够迅速辨认出对方的“标签”，这样的“标签”便是我们对于他人的第一印象。但是随着时间的推移，当你慢慢对周围的人与事熟悉下来之后，你会发现，很多你当时所贴的“标签”往往都是不正确的。很多时候，我们就是会被第一印象所蒙蔽，继而产生认知偏差。

一个燥热的午后，一辆行驶在山村路上的中巴车上坐满了昏沉入睡的乘客。一对怀中抱着一个正在睡觉小孩的看似斯文懂礼的小夫妻和一个嘴里骂骂咧咧的中年糙汉子，当孩子在车里哭闹的时候，中年汉子睡觉被吵醒便粗暴地对这对斯文小夫妻发难，让他们赶紧哄好小孩。小夫妻连忙对其他人说着抱歉，表示孩子有点水土不服，不肯喝奶，所以哭闹不止，希望大家能够体谅他们一下。然而，此时的中年糙汉子并没有任何的改变，反而变本加厉，对着这对小夫妻大声吼叫，将车上的所有乘客都吵醒了。小夫妻见到大家都被吵醒了，中年糙汉子却还在不依不饶，孩子又是哭闹不止，情急之下想让司机停车让他们先行下车，以免打扰别人。这时，中年糙汉子却得寸进尺，拦着这对夫妻不让他们下车并让他们赔偿自己的精神损失费。这时，看到这样的场景，你会想到什么？留给你的第一印象又是什么？或许我们很多人的第一反应都会是跟影片中车里的其他乘客一样，充满了对中年糙汉子的鄙视与不理解。大家纷纷劝阻中年糙汉子，得饶人处且饶人，小孩子出门在外，哭闹是很难免的事情。但是这个中年糙汉子就是不听劝，一直在对这对夫妻推搡叫嚣，甚至拿出包里的水果刀挡在他们的面前，叫嚣道："你们今天要是不把钱给我，就别想下车！"看到这里，你又会想到什么？难道这个中年糙汉子是劫匪？他们遇上了抢劫？影片中的乘客与你我的想法一致，他们以为自己遇到了作恶多端的劫匪，纷纷打电话报警求助。

看到那么多人报警求助，那对斯文的小夫妻却赶紧拿出包里的钱，想要满足这个中年糙汉子，想让他放下手中的刀具让他们赶紧下车。发现警车到了附近的时候，小夫妻更是不管哭闹的小孩和车上的行李，想要赶紧下车。这时，你察觉到这其中的异常了吗？这对夫妻面对即将到来的警察为何会如此慌乱？又有哪对父母会慌乱到可以丢下自己的孩子独自下车？这一切是不是都让你越来越糊涂？其实，事情的真相并不难理解。早在汽车行驶途中，孩子开始哭闹的时候，中年糙汉子就察觉出这对夫妻的异常，他发现这个男人在给孩子冲奶粉的时候居然用的是矿泉水瓶里的冷水，奶粉没有完全溶化就急急忙忙塞到孩子的嘴里想要阻止孩子哭闹。而当孩子继续哭闹的时候，女人却给男人使眼色让他将一包白色粉状物加进了奶瓶里面喂给孩子，很快，孩子就停止了哭闹，沉沉地睡了过去。这时，你已经猜到了吧，原来看似粗糙不讲理的中年糙

汉子只是潜伏在车上的便衣警察，他所有看似不合理的举动都是为了自然地吵醒大家，让大家对这对夫妻产生警觉并报警带来同伴，并尽全力不让这对夫妻发现他的异常，从而保证他们手中孩子的安全，而这对看似斯文讲理的夫妻却是可恶的人贩子假扮而成！

亲爱的姑娘，你看，看似讨人厌的中年糙汉子实际是真实的好人角色，而斯文的小夫妻却是实实在在的坏人。很多时候，生活就是如此滑稽、充满反差，看似最不可能的事情往往就是真实的。所以，亲爱的姑娘，不要太过相信自己的第一印象，要学会用心观察，用心体会。

用心判断，眼见也不一定为实

曾经，我们都相信并将“耳听为虚，眼见为实”信奉为绝对的真理。然而，随着科学的发展与时代的进步，我们慢慢明白：人的眼睛只能看到物质的表面，而看不到别人的内心。你所看到的场景反映到你大脑的意象中也只能体现物质的客观性。这是从科学角度对于“眼见也不一定为实”的理性解读，而在现实生活中也是如此。很多你以为的“眼见为实”其实并非如此。

经常在各种影视剧中看到这样的情节：男主或是女主通常都会被不怀好意的歹人利用，或是被单独约谈的时候被故意刺激说出一些伤害别人的话语，或是做出一些常规的行为却被有心之人利用，最终造成好人之间的相互误会，最终让坏人的阴谋得逞。不管在什么题材类型的影视剧中，这样的故事情节总是屡见不鲜。人们总是太过相信自己的眼睛，太过相信自己看到的一切，而主观地做出一些错误的判断。但其实很多

时候，往往也就是一句话的解释就能解除的误会而已。而每每看到男女主角因为一句话就能说清楚的事情而误会越来越大，最后冷战到分手，我们的内心总是崩溃且无奈的。当你偶然跟朋友聊起的时候，朋友总会安慰你：电视剧不都这样表演，不然给你看什么？没错，电视剧因为收视率的需要总是会有很多编撰得让人匪夷所思的情节。作为一个站在电视外面观剧的人，我们总是轻而易举地就能看出电视剧中坏人的圈套，明白不能相信眼睛看到的假象，尽管它看似就是事实。但是当我们身在其中的时候，却未必能够分辨得这么清楚。

历史上有关“眼见不一定为实”最为著名的例子莫过于孔子与其弟子颜回的故事，这也是“眼见不一定为实”的最早由来。

孔子周游列国的时候，曾经和弟子一起被困在陈国和蔡国之间的地方，7天没有吃上米饭。白天，颜回去讨米，讨回来以后就去煮饭。在米饭快要煮熟的时候，孔子偶然路过厨房外面，看见颜回在用手抓锅里的米饭吃。孔子便假装没有看到走过去了。过了一会儿，饭煮好了，颜回请孔子吃饭的时候，孔子起身说道：“刚刚我梦见了先人，先人责怪我自己先吃了干净的饭然后才给他们吃。”颜回听到了回答道：“不是这样的，我煮饭的时候发现炭灰飘进锅里弄脏了米饭，便将沾了炭灰的米饭拿出来，但是又不舍得扔掉，我便自己吃掉了。”孔子听了之后，便反省道：“都说眼见为实，但是今天的情景看来你所看到的也不一定就是事实的全部。我们应该要相信自己的内心，但是自己的内心也会有不正确的时候，所以，弟子们，你们都要记住，要真正了解一个人的确是不容易的。”

很多时候，我们都会非常相信自己所看到的，无论到底是不是事实，都深信不疑。殊不知，只是你的所见给了你一个相信的理由与借口，让你不愿意承认很多与自己观念相悖或希望相反的一些事实而已。明明知道很多事情其实不可能发生，却依然心存幻想。因此，本着这种自认为科学的依据，怎么可能不会被欺骗？就如同你认识一个人。有的人道貌岸然，在人前谦恭有礼、平易近人，每个人都自然地认为他是一个谦谦君子。可是在背后，他却窃窃私语，揭人长短，挑起是非。你明明看到的是他非常虚伪的一面，却被他的假象所迷惑而无条件地相信他、支持他，甚至为了他去伤害真正的有心人，这不是最大的悲哀吗？因此，亲爱的姑娘，学会认识了解一个人的时候，一定要学会从细节观察，全面了解，用心去观察，用心去体会这人的真正人品，而不是仅仅停留在表面的认识上。

亲爱的姑娘，世界是丰富多彩的，同时也是复杂多变的。不是每一个人都会按照你所设想的去生活。有很多人会弄虚作假，在你的面前甜言蜜语、毕恭毕敬，一副正人君子的模样，可一到利益面前，就利欲熏心，暗地里挑拨离间，陷害你，甚至给你挖下火坑，而你还在傻傻地相信着，心甘情愿地跳下别人的陷阱，被人牵着鼻子走。等你发现真相的时候，事实总是让你始料未及。而有的人明明坦坦荡荡、问心无愧，却因为铁面无私、刚正不阿而被一些人误会，甚至还被怀恨在心。还有的人或许被情势所逼，有时不得不违背自己的意愿去做一些自己根本不愿意做的事情，伤害了一些自己所爱的人。这时，如果你只是看到表面，不愿意花时间去了解事情的真相，那么，很有可能，你会将一个有情有义的人当成一个冷酷无情的人。也有可能，你更会失去一个真正值得相交的好朋友。所以，亲爱的姑娘，时代在发展，人们的思想也在不断地丰富。在现在这个多元化的世界里面，眼见不一定为实，耳听也不一定就为虚。想要对某一个人或者某一件事情做出真正的准确判断，我们必

须学会用心观察，用我们的大脑去分析。我们既不能相信一个表里不一的人，更不能误会一个有情有义、刚正不阿的人。很多时候，你的眼睛看到的极有可能就是有心人专门一手布置的，就像你所不屑的诸多电视剧情节一样，但有的时候，人生就是那么巧合。

第5章

女孩要做快乐的自己，别被坏心情绑架

人生的路上，我们每个人都希望自己能够生活得快乐幸福。但亲爱的姑娘，我要告诉你的是：快乐并不是别人给的，而是自己去发现的，快乐来自我们每个人不同的内心感受。不同的人对于同一件事情有着不同的心态，就会产生不同甚至截然相反的结果。因此，不论遇上什么样的艰难险阻，都请你记住：亲爱的姑娘，幸福与快乐的秘密就藏在我们每个人的心里，我们每个人都具有让自己幸福快乐的资源，就看你是不是能够运用得当了。拥有一种快乐的心态，你就会发现：快乐真是无处不在！就像著名的歌德夫人曾经说过的那样："我之所以高兴，是因为我心中的明灯没有熄灭。道路虽然艰难，但我却不停地求索我生命中细小的快乐。如果门太矮，我会弯下腰；如果我可以挪开前行时路上的绊脚石，我就回去动手挪开；如果石头太重，我就选择换一条路走。我在每天的生活中都可以找到让我快乐的事情。"

亲爱的姑娘，遇到艰难困苦的时候，告诉自己：既然都是生活，那就让我们选择每天都做快乐的自己，不要做心情的奴隶，不要被坏心情绑架。

心胸开阔，远离针尖大的“小心眼”

霄妹被公司里的同事拉黑了，心情很郁闷，事情的起因是一次便车。

霄妹家住在莲花小区，距离上班的地方有40分钟车程。为了上下班方便，霄妹狠了狠心花积蓄买了一辆代步车，每天开车上下班。这个同事是公司里的“老人”，也住在莲花小区。霄妹刚刚进公司不到半年，本着“跟同事和谐相处只有好处没有坏处”的宗旨，霄妹提了新车之后就顺路带着这个同事一起上下班，于是同事就特别自觉地开启了蹭车之旅，每天上下班准时准点地候着，一坐就是大半年。一开始，同事还时常变着花样表达一下感谢。时间久了，一切仿佛就变成理所当然，开门就上车，然后就开始自顾自地玩手机，下了车就扬长而去。

有一天，霄妹来了其他的朋友，急着去机场接人，就提前开车走了。没想到10分钟不到，同事就打电话过来：“你提前走了怎么也不跟我说一声呀，你这也太不地道了，等你半天结果听说你早就走了。”霄妹赶忙说道：“不好意思，临时有事赶着去机场接人，没来得及跟你说一声。”没想到，同事不高兴了，连珠炮地说道：“那你提前跟我说一声啊，我还和我妈说回家吃饭呢，这个点班车都走了，等到家都要几点

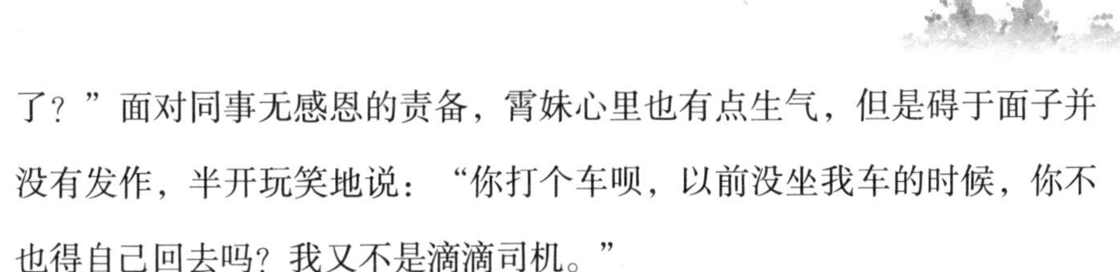

了？”面对同事无感恩的责备，霄妹心里也有点生气，但是碍于面子并没有发作，半开玩笑地说：“你打个车呗，以前没坐我车的时候，你不也得自己回去吗？我又不是滴滴司机。”

没想到这句话把同事给惹到了，第二天上班，霄妹还想照常给人发微信说“准备出发”的时候，结果发现对方已经不是自己的好友了……从那以后，同事每次见到霄妹都是扭头就走，到处给霄妹穿小鞋，说她抠门小气，人不厚道，甚至还恶意攻击她，说她业务能力不行，当初肯定是走后门进来的……

为此，霄妹很是委屈郁闷，怎么也排解不开。给人当了半年的免费司机不说，结果一次没顺成反而还成了仇人，到底是她太奇葩，还是我太小气？

霄妹的困惑可以从英国作家萨克雷这里得到解答。萨克雷曾经说过：“如果一个人身受大恩之后又和这个恩人反目的话，他要顾全自己的体面，一定只会比不相干的陌路人更加恶毒，因为他一定要证实对方的罪过才能解释自己的无情无义。”

亲爱的姑娘，这个世界上的很多人与事就是这么的吊诡。并不是所有人都能分得清楚情分与本分，也不是所有人都能明白“帮你是情分，不帮你是本分”这个道理的。很多时候，从善人变成恶人比你想象中的简单一百倍，只需有一次拒绝的距离而已。当你的善意不能满足他们的期望的时候，他们第一时间想到的并不是理解与感恩，而是怨言和怒骂。这个时候，亲爱的姑娘，请你不要怀疑自己。请你坚信并非是你不够善良、太小气，相反，正是你太过善良、太过宽容。就好比你在一个人危难的时候帮助过他一次，他懂得这是情分。可是如果你一直帮助他，帮了他一辈子，就被他理所当然地当作了本分。并不是你做得有

什么不对，而是你没有遇上真正值得你去释放善意的那个心胸开阔的对象。

亲爱的姑娘，遇上让你糟心的人与事，不必放在心上。将不愉快的记忆停留在自己的内心，最终不快乐的终将会是你自己。想要让自己获得真正的快乐与愉悦，就在遇到小心眼的人的时候，果断选择远离他们，过多的纠缠只会让自己的人品与状态降低到与他们一般的层次。就像看到的一个新闻：一位母亲带着小孩去乘坐高铁，旁边有一位男乘客正在吃泡面，泡面的味道混杂在沉闷的车厢之中，气味自是不必说的难闻。而更让这位母亲揪心的是，她的宝宝对泡面过敏。这位母亲出于对小孩本能的保护，起身制止吃泡面的男乘客，请他不要再吃泡面。但是这位男乘客并没有理睬，继续吃着。这位母亲就在车厢里大声斥责这位男乘客，责备他没有公德心。母亲的嗓音越来越大，情绪也越来越激动，到了最后，两人的争吵已经不是围绕能否在高铁上吃泡面这件事情，而是变成了音量的对决。事情的始末其实很简单，这位母亲一开始的诉求其实也是对的。在行驶的封闭列车里面吃泡面的确不是一件非常合理的事情，更何况旁边还有一位对泡面过敏的小朋友。于情于理，这位男乘客都应该停止吃泡面或者换个地方到列车上的餐车内去吃。但是，当所有人的目光都集中在这位在车厢内大声辱骂别人的母亲身上的时候，又有几个人能真正知道事情的始末呢？在别人的心中，对这位母亲的标签一定会是“高铁上突然发神经骂人的一个妇女”，所以新闻的底部评论里面，到处都是对这位母亲随意骂人的指责。

所以，亲爱的姑娘，我知道很多情况下能够做到心胸开阔并不容易，尤其是受到一些委屈无奈的时候。但是，亲爱的姑娘，请你记住，遇到人性中的极品，过多的纠缠只会降低你自己的气质，在这样的情况

下，尽量远离其实是对自己最大的保护与救赎。

远离“嫉妒”的邪恶之火

周国平先生曾经说过这么一段话：不因嫉妒而失态乃至报复，是修养。我们无法压抑人性里的嫉妒，但是可以做到有教养。亲爱的姑娘，今天我想对你说：“嫉妒”并不是一件可耻的事情，嫉妒只是人类丰富情感中的一种自然情绪，我们应当学会正视嫉妒这种自然情感，而不是偷偷摸摸地掩藏或者无视。当你明白自己有了嫉妒的情绪的时候，应当学会正视并用科学的方法来排解；当你遇到被嫉妒的时候，也应当学会换个角度思考，走出被嫉妒的郁闷，快乐地活出你自己。

高中的时候，曾经有一个男同学，他强烈地排斥嫉妒这种情感，但是他又无法欺骗自己——他真切地嫉妒着同班的班长。他明白是自己的情绪不对，便一直与自己抗争，但没有找到科学的方法去排解，最后的结果是他变得讨厌自己，极度自卑，患上了严重的抑郁症，一度想要自杀解脱。因为他始终都不明白，嫉妒其实只是人类的天性之一，无法真正懂得并学会正视嫉妒的人，就很容易走上极端，而最终的结果不是伤害别人就是伤害自己。因此，亲爱的姑娘，当你感觉到自己嫉妒别人的时候，首先学会接纳，学会正视，然后再尝试着去沟通、去疏导。

亲爱的姑娘，你知道吗？人之所以会嫉妒，都是因为有所比较。今天A穿了一件很美的裙子是你买不起的，你便有所嫉妒，却忘了她也曾羡慕过你参加马拉松时拿奖的那一刻；今年B出国旅游两次了，你却因为没有人帮你照顾小孩而不能去任何地方旅游，于是你很嫉妒，却不

曾想当她看到你和孩子在一起时那种外人无法参与的幸福与温馨的时候，她有多么的落寞。亲爱的姑娘，我们大可不必拿自己的弱势与别人的优势相比较。其实每个人的人生都是一地鸡毛，都有快乐与悲惨，只是看你不同的选择与心态。当你看到别人拿奖感到嫉妒的时候，就去想一想，或许他也曾嫉妒过你可以按时休息，可以轻松看剧时的快乐；当你嫉妒别人大包小包在商场购物的时候，你有没有想过，或许她也正在羡慕你充实的人生呢？亲爱的姑娘，请你记住，永远没有一帆风顺的人生和没有任何烦恼忧愁的命运，每个人都是在自己的世界里面坚持与忍耐，如果你不曾努力奋斗，就不要在别人丰收的时候充满嫉妒。羡慕别人幸运的时候，就告诉自己停止看剧，去学习，去奋斗。就像日本作家三木清曾经说过的：如果要消除嫉妒心，就必须保持自信。换句话说，当你对自己的人生感到满意的时候，你的内心已经足够知足，便也不会再去与别人进行比较。就算你发现有所不满的时候，因为自信，你也会有足够的勇气去改变，而不只是默默地让嫉妒霸占你的人生，熄灭你的希望之火。

除了要学会不去嫉妒别人之外，正确对待“被嫉妒”这件事情也是我们应当正视并学会排解的。或许有的人会说，被嫉妒难道不是一件很美好的事情吗？说明你足够优秀啊。没错，被嫉妒听来似乎无关痛痒。但是，亲爱的姑娘，防人之心不可无。很多时候，我们真正需要担心的往往不是易躲的明枪，而是难防的暗箭。这时，又会有人说，脑子长在别人身上，我能有什么办法？没错，亲爱的姑娘，如果你能活得如此张扬与洒脱，便也没有什么可以担心的。你能明白别人的想法与你无关，无视别人的嫉妒，自然也可以很好地保护好自己，不将别人的恶意中伤放在心上。但是总是会有那么一群傻姑娘，由于天性敏感，又太在意他

人的眼光和感受，常常害怕自己的某些行为导致别人不喜欢她，所以活得卑微且痛苦。

日本传奇尼僧濑户内寂听曾经说过这么一番话：“当你非常幸运，感觉运势走起来了，你一定会被嫉妒的人说坏话。但换个角度想，当你听到有人在说你的坏话的时候，说明你已经幸运到别人看到都想骂人了。”是啊，“人红是非多”自古以来就是真理。但是亲爱的姑娘，希望你能够明白：优秀，并不是一个错误。相反，因为害怕别人的嫉妒而充满愧疚的生活与成长，才是最大的错误。真正能够欣赏你的人，永远欣赏的都是你骄傲的样子，而不是你故作谦卑或讨喜的样子。所以，千万不要因为别人的嫉妒而选择放弃自己的爱好、优点，甚至因此而愧疚不已。更何况，当你选择迎合别人的时候，当你选择了自我放弃的时候，连你自己都否定了自己，他人又怎么会接纳你、尊重你，喜欢你呢?

亲爱的姑娘，面对嫉妒，最理智、最正确的做法就是一直奔跑。当你跑远了，变得足够优秀的时候，你的实力和位置会为你吸引志同道合的人，那才是真正属于你自己的圈子。而且，你要相信，越是在优秀的前方，有工夫骂人、嫉妒的人就越少，因为大家都在忙着继续奔跑。所以，不要因为别人嫉妒、中伤而苦恼，甚至退缩，而是要让你自己变得更加努力、更加优秀!

控制自己，驾驭不良情绪

情绪是魔鬼，如果你控制不了它，它就会扼住你的咽喉，带着你走向毁灭。很多人并不相信这样的道理，但是等到事情真的发生的时候，

就会知道这句话从来都不是危言耸听。依稀记得在手机推送上看到的新闻。

2月23日，重庆有一对夫妻在家中吵架，妻子气到极致，摔门而出并准备开车离开。而同样怒气冲冲的丈夫紧跟着一起上前阻拦，用自己的身体挡在车子的前面，不准妻子开车离开。从监控中依稀可以看到，坐在驾驶室中的妻子仍是满脸怒气，而阻拦在外面的丈夫嘴里也一直在说着什么。没有人知道他们还在争吵什么，只是看到车子突然加速，并向左侧拉出一个弧度，将丈夫顶在了汽车引擎盖上向前猛冲……丈夫随着车子的前冲力量重重地摔了出去，后脑勺磕在了人行道边的石沿上，当场身亡。

事后，妻子被带到警察局的时候，神情恍惚，嘴里一直念叨着：如果当初，不那么生气就好了……

可惜的是，这个世界上，从来就没有如果。每次看到这种类型的新闻，我的心中总是充满疑问：难道生气比生命还要重要？有什么事情能够生气到非得付出生命的代价？难道控制自己的情绪真的有这么困难？见多了这样的新闻，了解到事情的始末以后便能更加明白：很多时候，并不是他们不懂得生命最为重要，而是在那个愤怒值达到顶峰的时候，他们没有办法控制自己，不是他们不想，而是他们没有能力控制自己的情绪。事后，百分之百的当事人都会后悔当时做出的决定，但是可惜的是，这世上从来没有后悔药可以挽救。

懂得控制自己的脾气是一种修养，能够控制好自己的脾气更是一种能力。不懂得控制自己的情绪，无法让自己的情绪保持稳定的人其实是无能而不自知的。能够控制好自己脾气、能够保持自己情绪稳定的人是很有魅力的。

闺密灵心的老公应该是我见过最懂得控制好自己情绪的人。

大概3年以前吧，他们的儿子“小团子”被确诊为先天性心脏病。“那一刻，我感觉整个天都要塌了。”灵心这么跟我说道。那时的她每天精神沮丧、愁眉苦脸，不是在责怪自己就是在埋怨命运的不公。生活一片混乱，工作也没有好到哪里去，单位的领导体谅她给她放了一个月的假。不工作的灵心在家里更是茶饭不思，就差以泪洗面了。弄得整个家庭氛围很是郁闷。

但是，她老公却完全不同。每天还是跟以前一样，早起做早饭，上班，按时下班，买菜，做饭，偶尔看看资料。一个多星期以后，灵心夜里还是睡不着，她看着旁边熟睡的丈夫，终于忍不住把他摇醒，责问他：“你怎么还睡得着觉？团子不是你儿子吗？”她老公听罢，正色道：“团子生病了我也着急啊，但是你想想，着急有用吗？团子还小，只能依靠我们来照顾他，如果我们现在连自己都照顾不好，团子还能怎么办？现在医生已经给出了治疗方案，我们应该做的就是尽全力配合医生的治疗。除此之外，我们还应该给团子尽可能地营造一个轻松快乐的家庭氛围，这样，即便他治疗不好，以后也可以学会坚强乐观。”后来，灵心的老公专门请了一个星期的假，每天带着灵心去医院听取关于先天性心脏病的相关讲座，带着孩子去医院检查的时候，和家长们一起交流病情，以缓解灵心内心的焦虑。

后来，随着他们对先天性心脏病越来越深入的了解，加上老公的安抚与医生的建议，灵心变得越来越坚强，慢慢接受了现实，整个人又重新燃起了希望，团子也变得越来越活泼。人一旦顺利起来，一切的好事也就会接踵而至。后来，他们的儿子成功做了搭桥手术，隔了两年又正常上了幼儿园，所有的事情都慢慢走上了正轨，生活中的一切都在慢慢

变好。

“我觉得我老公那个时候帅呆了，如果当时不是他保持淡定，我估计我就挺不过来了。”再次见面的时候，灵心这么跟我说道。

亲爱的姑娘，能否控制好自己的情绪可以说是判断一个人是否成熟的一个标志。一个真正成熟的人懂得随时随地控制好自己的脾气，懂得将自己的情绪在任何情况下都保持稳定，懂得将自己最温柔善良的一面留给自己最亲近的人。

控制自己，驾驭不良情绪是我们每个人在成长路上都应该学会的重要一课。我见过太多的人，对外人宽容友好，对身边最亲近的伴侣却苛刻挑剔。他们对外人往往很有耐心、情绪温和，对自己的爱人却非常的急躁、不耐烦。其实这样的人，都是在犯最愚蠢的错误。亲爱的姑娘，请不要跟这样的人学习，理性、清醒、成熟地克制自己的情绪，遇到难题时不会把脾气发在最亲近的人身上，这才是你应该了解并尽快拥有的人生财富。

战胜羞怯，成就落落大方的自己

曾经，我们欣赏小家碧玉，而在现在的社会，我们追求男女平等，讲究女生的高效独立。因此，我们更欣赏大家闺秀。脱离了封建社会的等级制度，生活在开敞透明的现代社会，大家闺秀已经不再是传统意义中的名门贵族，而是精神独立、大方自信的新时代女性。曾经，我们找到一份工作，便认为可以安稳度过一辈子。现在，生活在变化发展如此之快的信息化时代，唯一保持不变的状态已经变成了“不断的变化”。

面对这样的发展态势，故步自封，羞怯地生活在自己的小世界里面已经不可取。勇敢地走出自我的包围圈，落落大方地同各行各业中的人交流，吸取经验才能让我们更好地融入这个日新月异的社会，才能让我们成为更好的自己，才能成就最终的自我。

不论在什么时代，不论在什么国家，总是会有那么一群姑娘，明明自己很优秀，却对自己很没有自信。总是觉得别人的一切都比自己优秀很多，进而每天顾影自怜，羞怯地面对工作中的挑战，不敢接受，越活越卑微。亲爱的姑娘，我想要告诉你，必须要勇敢地战胜羞怯。你的羞怯、你的胆小、你的退让并不会为你争取到更多的资源，你的竞争对手也不会因为看你可怜而主动留给你一席之地。你的软弱只会被视为无能，被更多的人嘲笑。

曾经在好几年前，出去对接客户的时候，认识一位姑娘。她很聪明也很善良，但总是对外界有一丝胆怯，看人的眼睛总是充满闪躲，做什么事情总是畏手畏脚。慢慢熟悉了之后，她谈起了自己的经历。

她生活在一个普通的农民家庭，生活在一个破落的农村。俗话说，贫贱夫妻百事哀。她的父母就是这样，两人经常因为各种经济上的事情争吵，而她，总是首当其冲地成为父母情绪的出气筒。打骂、训斥她是家常便饭。于是，她慢慢变得内向，不敢和外人接触，一说话就脸红。她的生活圈子总是很小，认识的人局限于同班同学。

其实她很优秀，但是她自己却并不这么认为。即便她成绩很优异，但是她却并不知道什么才是真正优秀的人，更不懂得哪种人值得交往，不知道什么是匹配，自然也不懂得该如何去挑选自己喜欢的另一半。曾经，她喜欢上一个小伙子，喜欢的原因仅仅是因为那个人不经意间帮过她一次小忙。别人对她好一点点，她便心怀感激，以为这就是爱。而她

不知道的是，相比那个小伙子，她简直优秀太多。她聪慧，是个学霸；她热爱运动，身形健美；她心地善良，是个有良好品质的好姑娘。

明明自己就是潜力股，却由于从小没有见过太多的世面，无从建立起自己的自信，无法拓展眼界，硬是让自己变成一个羞怯胆小、懦弱卑微的透明人。凡事不敢往前冲，站在人堆里很快就被淹没。现在的她，虽然一直都有在努力地改变现状，但是发于骨子里的那份自卑，总是时不时地跑出来影响她。

采访过身边很多羞怯性格的姑娘，问及胆怯的原因，大部分人都有一个共同点：认为自己没有见识过什么世面，害怕自己被嘲笑，总是认为别人的见识一定比自己好。那么，什么样才算见过世面？什么样的生活是不会被人嘲笑的？答案是没有的。

有些姑娘，买东西一定要买最贵的，性价比什么的无所谓，只要是最贵的便认为一定是最好的。出去旅游的时候，路过一个知名景点，必定要拍很多照片，发布很多次，展示自己过得多么好。而有的姑娘，生活得并不奢侈，20多岁的年纪，站在好几千人面前，潇洒自如地演讲，月薪明明好几万却背着两百块的平价包包，依旧每天很开心。那么，哪种叫作见过世面呢？

亲爱的姑娘，是否见过世面不应该是你作为评判自己该不该落落大方的一个准则。真正没有见过世面的人，总是习惯用自己仅有的经验去揣测这个世界，她们并不知道自己真正想要的是什么。而真正见过世面的人，应该是那些知道自己不知道什么，清楚自己的弱点在哪里，从而更加努力的人。主动认为自己没有见过世面，从而让自己保持羞怯胆小的生活状态不仅是一件可悲的事情，更是一件很可怕的事情。一个真正见过世面的人，不仅成熟，更有明辨是非、分辨黑白的能力。

亲爱的姑娘，很多时候，我们必须很努力，才会让自己成为自己很喜欢的人。成长的过程中，已经有了足够多的磨难与艰难困阻。这时，不要让羞怯成为自己前进路上的拦路虎，学会勇敢，落落大方才是我们应该追求的生活状态。既吃得了红酒西餐，也吃得了路边的麻辣烫；既能住得起星级酒店，也能睡得了帐篷睡袋；可以穿着高跟鞋干练得体，也可以穿着跑鞋踏向未知的旅途。这样的落落大方、自信飞扬才是我们应该追求的人生美好。

不虚荣，才能找回真实的自己

看电视剧《欢乐颂》的时候，对里面的樊胜美一角印象深刻。电视剧一开场，就是正在盛装打扮的她准备出去参加一个聚会“掐尖”，她租的那个小房间里面满满当当地被塞满了各式各样的衣服鞋子和包包。我想，很多人都与我一样，将她的第一印象定格在“物质女”“虚荣女”这样的标签上。但是随着剧情的发展，却渐渐发现很多她的逼不得已。因为父母重男轻女的严重思想，她所赚到的每一分钱，除了吃穿用度，剩下的都被家里的哥嫂给剥削得一干二净。独自在上海打拼那么多年的她，身上竟然没有一分钱的零花钱，平时收到的一些正品礼物大多也被转卖成了现金，打给哥嫂。而她的家人，从来没有因此而感念过她的不容易，只是让她的付出变成了理所当然，甚至变本加厉。樊胜美因为害怕别人异样的眼光而强迫自己学会虚荣，因为想要获得别人的尊重而刻意追求虚荣。但是这样的生活方式并没有让她得到自己内心真正想要的安宁，她的内心仍然是敏感脆弱的。偶然的一次机会，她遇到了她

所认为的真爱，在她想要做真正的自己的时候，才发现，那人不过也是迷恋她所包装而呈现的一切而已。

亲爱的姑娘，很多时候，我们可能会出于各种各样的苦衷而不得已地假装虚荣，但是，亲爱的姑娘，请你不要在假装虚荣这条路上越走越远，最终忘记自己的本心。只有从内在的本我出发，认清虚荣的本质，培养自己的能力，拥有并保持内心真正的自信，才能活出真正属于自我的人生，并得到发自内心的安宁。

我和一个很久没有见面的朋友一起相约出去走走。在等她的时候，我远远地看着她走来，总是觉得她姿态有些扭捏，有什么不对劲。细看之下，才发现，原来她身上背了一个看来十分昂贵的包包。我看着她背着这款包包，就像是背了一个小祖宗在身上，十分小心翼翼不自在。在我嘲笑她的时候，她才不好意思地笑了笑说道："可不是嘛，自从背了这个包包，我挤个公交车都很小心，万一被蹭到，我要心疼死了。"

朋友从来不是一个爱慕虚荣的人，衣着总是时尚大方，但是并不会去刻意追求品牌。细聊之下，我才知道朋友突然之间有所改变的缘由。朋友最近刚刚换了一份工作，到了一个陌生的工作环境，员工以女性居多。据朋友说，在这家公司上班的人，要么有个好老公，要么有个好父母，家境都不错。大家的收入一般，但是大部分人的吃穿用度却是很上档次的。

有一次闲暇聊天的时候，有一个同事问及朋友最近背的一款包包是什么牌子的，朋友便老实地回答了一个平价的品牌，那位同事却非常没有礼貌地回复道："哦，没听过。"据朋友描述，那语气里充满了不屑。顿时，朋友敏感的神经被刺激到，接下来的时间里，她省吃俭用，总算拿下了这款昂贵的宝贝疙瘩。听完朋友的描述，我并没有多说什

么。但是对于朋友的这种回应方式，我并不认为是什么自尊心在作祟，而是难以压制的虚荣心在猖獗。很多时候，很多人总是喜欢拿自尊心强来掩饰自己的虚荣心。

其实，我们每个人都有虚荣心。只是有的人虚荣物质，有的人虚荣面子，而有的人却虚荣里子。随着年龄的增长，我们也越来越懂得，很多时候，并不是我们的自尊心强，而是我们太虚荣，太急于用一些立竿见影、容易曝光在众目睽睽之下的东西来维护我们小小的、可怜的自尊。偶尔的小虚荣并不可怕，只要能够认清自己的本心，不扭曲，虚荣就只是一个暗藏小心机的、无伤大雅的缺点。

曾经有人说过，一个人缺失什么，往往就越是在意别人会晒什么。这句话，我深以为然。晒什么首先说明看重什么，而我们通常看重的，恰恰是我们缺少的或者是自己永远觉得不够的。亲爱的姑娘，虚荣的人总是习惯去寻找一个直接的方式来使自己显得很有面子，用自己一些虚无的东西来显得自己很耀眼。而一个无论何时都不虚荣的人，却一定是一个内心有极大的底气和支撑的人。这或许是一个信念，或者是一个目标，更甚者可能就是一份坚定不移的坚持。他们的这份底气使他们不屑于把时间花费在虚荣上。所以，亲爱的姑娘，适度虚荣并不可耻，但是过度虚荣却一定不是一件好事。学会淡然地面对生活中的一切，让自己的内心保持一种默默的、不张扬的热切。找寻到属于自己内心的安宁，你才能真正获得属于你自己的人生。

青春年少，友谊是命运最好的馈赠

“物以类聚，人以群分”，这样的道理告诉我们选择什么样的朋友就会有什么样的人生。就像一个段子说过的那样：跟着苍蝇走，你只会找到厕所；而跟着蜜蜂走，你才会找到鲜花。亲爱的姑娘，人生就是这样，在五彩缤纷的世界里面，个人的选择其实就决定了你不同的生活方式。选择一个人生活，你就选择了与孤独为伴，终究只会越来越闭塞；选择与浑身充满负能量的人为伍，你就选择了抱怨与消极，最终只会在平庸中失去你的梦想；选择与能够自燃发光、浑身充满积极正能量的人在一起，你就选择了积极与主动，慢慢地你也会发光，成为自己的能动力。

亲爱的姑娘，外面的世界很大，大到我们难以估计，仅仅依靠一个人的力量是无法充分感知的。或许也正是因为这个世界很大，我们会面对诸多选择，在不断做选择的过程中，我们可能会遇到很多不一样的人，会遇到不同的困难挫折。但是，亲爱的姑娘，很多事情，你明明知道会面对风险，但是你仍然必须去做，因为如果你没有勇敢地尝试，你连失败的机会都不会拥有。我们不能因为担心会遇到一些不美好的人与事就索性地选择与世隔绝，就像我们并不会因为吃到了一颗坏的瓜子，就放弃掉尝试剩下的所有的可能性。所以，亲爱的姑娘，不要害怕，不要畏缩，不要彷徨，打开自己的心扉，去认识、去结交、去相处、去感受来自这个世界的善意与美好。

如果你能够拥有一个真正的朋友，你会发现我们的生活将会多么美妙。亲爱的姑娘，请你相信朋友可以给我们的生活增添无尽的乐趣。当你拥有一个真正的好友，即便远隔千里，数年没有联络，见面时却仍然

还跟当初一样的轻松自然，你们还是有着聊不完的话题。能够拥有这种经历的人生将会是多么的幸运，多么的美妙和令人向往。又或者，当有那么一个人的存在，你们相处时即便没有聊天，只是相邻而坐，各自忙着自己的活计，数小时过去了都只是嗯啊小语，但却仍然温暖充实。在这样的朋友面前，你可以低眉哀叹，可以恣意张狂，即便你没有很大的成就，却仍旧不用担心她会嫌弃你的落魄，会在意你的形象是否光鲜亮丽，你们之间相处得舒服自然，这样的人生又该多么的美好和令人羡慕啊。

亲爱的姑娘，经历越多，你就越会发现：在你青春年少的时候，能够拥有一两段单纯真诚的友谊是人生中一件多么美好的事情。与朋友之间的友谊能够让我们的人生过得更加精彩，友谊是上苍的垂怜，是命运赠予我们的最美好的礼物。当你在生活中遇到艰难困阻的时候，回忆起朋友说过的话，你便不会再沉湎于其中，忧愁的内心获得极大的安慰与鼓舞。亲爱的姑娘，当你遭受痛苦挫折的时候，如果能够有朋友在你的身边，你能够感觉得到朋友的双手带给你的无限力量，你就不会消极悲观。很多时候，在遇到挫折痛苦的时候，我们的很多想法往往都是一念之间，有朋友陪伴在你的身边与没有朋友鼓励，孤独一人走出困境，会是两种截然不同的生活体验。生活中，我们都有过这样的经历，很多时候，在遇到事情有所苦闷的时候，拨通朋友的电话，听到对方熟悉的声音，哪怕一个字不讲，一句话也不说，她便能感受到你的烦闷与忧愁，你们在电话的两端相视一笑，很多事情便也放下了。

亲爱的姑娘，友谊是一条善良的河流，它会让温暖持续不断，将你心中的烦恼忧愁洗净，澄清着你们人生中沿路的风尘；友谊是上天在我们的心灵中种植下的一方净土，培育着诚实善良的花朵。如果将友谊比作花朵，那么，友谊就是这世上唯一无刺的玫瑰。友情就犹如花香，并不是越浓烈越好，而是越淡的香气越让人留恋，也越能持久；友谊犹如我们生命中的一盏明灯，能够照亮我们内在的灵魂，使我们的生活充满点点星光。

亲爱的姑娘，人生的路总是漫长而充满苦难的，我们的人生时光总是在不经意间悄悄流逝。生活在凡人世界，我们的生活总是惬意与急躁、欣喜与痛苦并存。青春年少的我们配上真诚单纯的友谊，我们的人生将会拥有别样的与众不同。真正的朋友，或许不会给我们多少的物质帮助，却可以给到我们精神上的无限力量，鼓励着我们日益进步，慢慢地变成更好的我们。亲爱的姑娘，真正的友谊并不是每日在一起吃吃喝喝，而是在一起互相进步，朋友从来不在远近，因为心与心的相处从来不用距离来评定。拥有真诚的友谊，就是感受美好的开始。

第6章

不可避免的社会历练，坚决守住做人的底线

从前，车马很慢，一生只能够接触到寥寥几人。现在，通信很快，即便是远在宇宙中的外星人，我们也有望联络到。生活在信息爆炸的现代社会，我们能够接触到各式各样的美好与良善，也会遇到各种诱惑与阴暗。面对可能存在的风险与诱惑，亲爱的姑娘，我们必须学会擦亮双眼，用心去感受，在社会不断的历练中，坚决守住做人的底线。生活在现代社会，你永远不用担心会感到无聊，世界上各式多才多艺的人总是会给你带来无尽的惊喜与感动。而我们应该学会注意的反倒是与惊喜俱来的潜在危险，当危险发生以后，我们才会了解到危险的存在总是防不胜防。

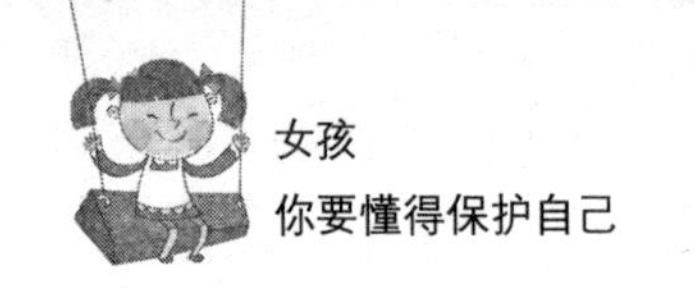

不要随便与陌生人说话

依稀记得曾经看过这样的一部电视剧：那是一个科技十分发达的未来时代，一位妈妈可以选择是否在自己的女儿大脑植入一块芯片，这样，她女儿的所见所闻都能放映在妈妈的计算机终端上。这位妈妈自认为是出于对宝贝女儿的无限的爱，便毫不犹豫地选择了将这片芯片植入女儿的大脑。从此以后，女儿的所见所闻都在她的掌握之中，她不但能够观看到女儿看到的一切，甚至能够选择是否同意让女儿看到眼前的这个景象。如果她认为眼前的画面并不适合女儿，那么她就可以按下暂停键，计算机会将她女儿眼中的一切换成另一幅截然相反的景象。就这样，女儿在母亲"无微不至"的关心之下慢慢长大了，女儿曾经有过一只非常亲密的小狗伙伴，但是这只小狗最终意外死亡了。就连小狗最终惨死的样子，这位妈妈都选择了屏蔽，只是不想让女儿看到伤心。

最初的几年时间，婴儿时期的女儿并不需要出去与人接触，计算机芯片最大限度地保证了女儿的心理安全，这位母亲很是满意。但是女儿总归是要慢慢长大的，随着接触的人越来越多，这位母亲的担忧也越来越多，但是令她欣慰的是，由于可以自由控制女儿的所见所闻，因此也避免掉了很多她所担忧的安全隐患。但是，女儿总是在不断成长的，很

快，女儿就到了谈恋爱的年纪。而随着年纪的增长，女儿对于妈妈对自己的了如指掌也产生了怀疑与思考。终于，女儿发现了自己生活这么多年的秘密。她开始为了自己的自由而反抗，但是最后却以失败而告终。女儿接受不了这样的现实，竟选择了自杀。这位母亲也因为接受不了这样的结果而选择了死亡。

这是发生在电视剧中的一个悲剧，但是却对我们有着相同本质的警示作用。换个角度来说，亲爱的姑娘，任何人对于我们的保护都是外界的有限的保护，想要从根本上保证自己的安全还必须从自身出发。想要最大限度地保证自己的安全，时刻保持安全意识是关键，因此我们要学会对陌生人保持警惕。

遇到陌生人的时候无须太过热情，俗话说，知人知面不知心，就算是曾经的好友，相隔数年之后也经常会有变化，更何况是你原本就不熟悉的陌生人呢？有人说，对待陌生人我们当然应该要警惕，但是陌生的电话就没有那么夸张。亲爱的姑娘，我想要告诉你，所谓防微杜渐，说的便是这个道理。陌生的电话看起来距离我们有点遥远，实则离我们很近。因为它迷惑的并不是你的眼睛，而是你的心灵。老实说，私以为，陌生的电话比陌生人更容易让人放松警惕。因为见不到面，因为你所认为的遥不可及，因为你的盲目自信，陌生的电话比陌生人具有更大的迷惑性，也因此更容易让人放松戒备，最终上当受骗。

仔细观看我们生活中的诸多新闻，我们都会发现这样的事实：很多因为诈骗电话而上当受骗的人，有的直到警察找上门来了，都还未意识到自己被骗了。更有甚者，压根儿就不相信警察所说的话，坚定地认为电话那头的对方才是自己最应该信任的人。究其原因，其实还是语言的力量超乎你的想象。电话中的骗子欺骗的并不是你的眼睛，而是你的心

灵、你的思想。当你选择了相信他所说的话，他所描绘的欺骗事实就会被你自动过滤掉你一开始并不相信的一些破绽。其实很多时候我们都会发现，骗子的骗术相当低级，但是总是会有那么多的人选择相信，受骗上当。究其原因，还是“一叶障目而不见泰山”“当局者迷旁观者清”这样简单明了的道理。

亲爱的姑娘，我们说“不要随便与陌生人说话”，并不是让你学会冷漠，遇到需要帮助的陌生人故意选择视而不见，而是让你学会鉴别、学会甄选、学会保持警惕。亲爱的姑娘，拥有善良是一件非常美好的事情，能够善良对待身边的人也是我们应该提倡的。但是，保持善良也需要有底线，需要有锋芒，否则，你的无原则的善良只会被有心人利用而成为你的软肋。就像著名主持人董卿曾经说过的那句话：没有棱角的善良，不仅不能向这个世界传达你的善意，反而输送了你的怯意；没有原则的善良，只会让真正的朋友寒心，让不值得的人永远都不懂得“不可侵犯”四个大字。有棱角的善良才是真的善良，没有锋芒、没有棱角的人，是很难在这个世界里越走越远的。

面对异性的追求，要擦亮眼睛

爱情是什么？真正相爱的两个人到底该是什么样的相处方式？这样的问题应该是每个少女成长路上都会遇到过并思考过的问题。私以为，这是一个开放式的辩证问题，并没有所谓的标准答案，只有一些可供参考的衡量信息。生活在社会中的每个人因为不同的人生经历，对于同一件事情都会有着不同的认知观念。对于爱情也是一样，有的人认为爱情

很美，有的人却认为爱情很苦，其实这一切并没有绝对的对错，只是各人的经历不同，得到的体验不同罢了。虽说对于爱情的定义或界定并没有绝对的标准，但是面对异性的追求，我们却应该有一些最基础的理解观念。

面对异性的追求，我们应当学会理性思考。对于懵懂的少女来说，做到这一点并不是很容易，但是亲爱的姑娘，我们仍要学会努力让自己保持镇静并学会理性思考。有人说这样未免太过冷血，也有人说青春就是要尽情疯狂，这样才会无悔。而我说，我们从不反对青春的热血与潇洒，也提倡应该尽情享受青春所带来的一切美好与梦想。但是，亲爱的姑娘，拥有这一切的所有前提不都应该是首先确保自身的安全与健康吗？不论是在现实生活中还是在童话故事中，我们都已经看到了太多因为自身的疏忽而引发的悲惨，这一切都在提示着我们需要谨慎认真对待“爱情”这把“双刃剑”。亲爱的姑娘，很多万分之一的小概率事件，发生在我们自己身上，就变成了一万，所以，很多事情，即便再感动，我们仍需学会理性对待。面对异性的追求，我们要学会辨别，分清真实与虚假，做出最为正确的判断。

亲爱的姑娘，保持善良、与人为善是一种良好的教养与素质，但这并不意味着心软与不会拒绝。从生物学的基因角度来说，从大自然的自然进化规律来说，人有七情六欲，自然也就意味着男生有对异性追求的自然生理需求与精神慰藉。正当青春年少的美好时光里面，遇到异性的追求是一件很正常也很美好的事情，但凡事都有其发展的自然规律，也有其需要注意的尺度和界限。面对心仪的异性追求自己，掌握好适当的分寸更有利于我们更好地保护好自己，将爱情这棵小树苗悉心栽下，合理合规地进行滋养与保护；面对不喜欢的异性追求自己，更需要我们学

会果断地拒绝。亲爱的姑娘，此刻并不是展现心软、释放善良的正确时刻，你一时的善良可能委屈的是自己的大半生时光，他所花费的金钱与渲染的浪漫都只是必要的投资与试探。任何的投资都会有相应的风险，这是每一个成熟的男人都应该懂得的道理，因此，亲爱的姑娘，如果这样的金钱与浪漫并不符合你的本心与真知，不必感觉到内疚与不安，果断地拒绝才是最直接、最善良的回复。

曾经，作为小女孩的我们听着完美的童话故事入睡。等到成年了，我们才知道，这个世界上并非都是完美。尽管我们并不愿意接受，但是我们必须承认：这个世界上的确存在恶魔，而这些恶魔最会利用的道具恰恰就是金钱与浪漫。在自然进化上的生物链中，总是一物降一物地存在着。这个世上从来没有完美的物种，只有不断趋利避害地进化与发展。就像从前的追求依靠书信来表达，而现在的表达依靠金钱去展现。亲爱的姑娘，并不是所有的异性追求都是不怀好意的欺骗，只是人心隔肚皮，在你还未有共同经历，未真实了解到一个人之前，面对很多种的可能与意外，我们仍然需要时刻保持谨慎。很多的金钱与所谓的浪漫并不能完全代表一个人的真心与投入，这一切都应该同他所拥有的物质财富视比例而对比。就如同只拥有100块的人愿意给你99块，和一个拥有1万的人只愿意给你100块，这两者之间表象类似，本质却相差甚远。因此，亲爱的姑娘，请你千万不要被所谓的金钱与浪漫蒙蔽住自己的双眼。金钱可以依靠自己的能力去赚取，浪漫也可以依据不同的环境去培养，所有的这一切可以成为我们选择爱情的参考条件，却最不应该成为必要条件。依据自己的本心获得一份自己能够抓住的同等分量的爱情远远比虚无的浪漫主义和金钱主义要重要得多，也安全得多。所以，亲爱的姑娘，面对异性的追求，擦亮你的双眼，问清楚自己的内心，你想要

的爱情究竟是什么模样。请记住这一条任何行业都适用的真理：最贵的并不一定是最适合你的，而最适合的一定对你而言是最好的。

如何保证搭乘出租车的安全

浩瀚宇宙，日月星辰。不论是富贵还是低贱，每一样生物、每一个人都在各自的生命里努力向上，不断奋斗。人生在世一辈子，即便你是天上的小仙女，也离不开衣食住行这样的自然生理需求。生活在关系社会，社交出行是我们的必修课。公交、地铁、出租车也是我们每天经常会接触到的交通工具。每每谈及交通安全、坐车安全，总会有人认为是老生常谈，甚至是危言耸听，但是，亲爱的姑娘，安全就是这样，没有意外发生的时候最容易让人忽略，过多地谈及也会让人厌烦。但是一旦发生这样的事件，你就会明白，安全是贯穿每个人一生中每个时刻的必修课，不论何时何地，我们的心中都应敲响安全的警钟，而乘坐出租车也是一件需要我们格外注意安全的事情。

生活在交通发达而又繁忙的大城市里，乘坐出租车是一件非常常见的事情。但是，亲爱的姑娘，稀松平常的事情并不能跟绝对安全画上等号，我们的心中如果没有时刻长鸣的安全警钟，即便是每天进行的吃饭睡觉项目，也还是会有发生意外的可能，不是吗？更何况还有数不清的陌生人参与的交通活动呢？因此，时刻保持警惕，增强安全意识，是我们每个人每天在做任何事情时都不能忽略的。亲爱的姑娘，如果很不幸，你遇上了那个万分之一，也请不要慌乱，要保持镇定。要知道，除非对方是个十恶不赦并且经常作案的老手，否则，他的内心必定是比你要慌乱千百倍的，你的慌乱与不安，甚至害怕，无疑只会助长对方的信心，壮大他的胆量。所以，遇到任何危险意外都请不要自乱阵脚，保持镇定才能够寻找可乘之机并果断脱身。

我想，假如这个世界上有后悔药，假如时光可以倒流，假如所有发生的事情都可以再重新来一遍，芳芳绝对不会再做出同样的选择。

那一天，只是为了省下十几块钱的打车钱，芳芳在出门的时候选择了学校门口的小黑车。明明芳芳以前经常和同学一起组团坐门口的小黑车出去逛街、出去游玩、一起回家，明明还是那个黑车司机，明明那个黑车司机看着还是那么和善，但是当意外发生之后，这一切的“明明”都显得那么的讽刺、那么的愚蠢。

那天在路上，一开始的时候，芳芳其实已经感到一丝隐隐的不安。她环顾小车的四周，一切是那么熟悉，又是那么陌生。或许是因为夏天燥热的天气，原本很健谈的司机那天突然不怎么聊天了，芳芳也懒得说话，车内的空气显得越发沉闷，时间久了，令人昏昏欲睡。隐隐约约，芳芳不知道什么时候开始打起了瞌睡。尽管一再地提醒自己要保持清醒，却感觉无济于事， 大脑似乎与自己作对，反而更加困倦起来。不知道过了多久，芳芳才渐渐有了意识开始清醒起来。睁开眼环顾自周，却发现小车正驾驶在一条自己并不认识的小路上。芳芳慌张地问司机这是哪里，司机却不搭理她，径自朝前开着车。情急之下，芳芳想要打开车门跳车，却在打开车门跳下的那一霎身上的背包被车门夹住了。背包里放着新买的手机和回家带给爸妈的礼物，芳芳舍不得丢弃，整个人就这样被汽车拖着行走了好几百米。而司机看到芳芳打开车门准备跳车，反而猛踩油门让车子开始狂飙，想要逼芳芳回车上坐好。眼看着芳芳被车门夹住，生命垂危，司机才踩了刹车减速准备停车。车子稍微稳当之后，芳芳仍旧背着硕大的书包试图逃走，结果自然可想而知，可怜的芳芳就这样没能逃过这场悲剧。

私以为，在那样的情况，换成另外一个内心镇定一点的姑娘，在清醒之后确认自己遇到危险之后，利用以往跟司机之间的熟络打开话题，为自己争取拿到手机并报警求救的时间，在得到机会逃脱之后，丢弃影响逃跑速度的身外之物，必然会是另外一个截然相反的结局。亲爱的姑娘，不论在何时何地、何种情况下，自我的人身安全永远都是应该放在首位的。遇到危险的时候，除了需要保持内心的镇定，还应当尽自己全力争取到尽可能多的时间并尽快来脱身，用最快的速度到达安全领域。此时，如果怀抱侥幸心理，松懈半刻，紧紧抓住累赘的身外之财而导致更多的意外，这样的结果是最令人惋惜并痛心的。因此，亲爱的姑娘，请你时刻牢记，有舍才有得，钱财等身外之物以后都是可以再赚取的，生命才是最为宝贵的。舍弃了不必要的投入，才能收获到最为宝贵的安全财富。

远离那些鱼龙混杂的娱乐场所

很多时候，在看到年轻姑娘不幸遭遇强暴或者吸毒等新闻的时候，在一大片表达痛心或者惋惜的评论下面，总是能看到另一小拨人在冷嘲热讽地表示：会遇到这种事情的人必定也不是什么好姑娘。躲在黑暗中的这些所谓的“键盘侠”肆无忌惮地发布着这些不负责任的评论，全然不顾当事人以及她们的亲友看到了会有多么的心痛。但是从另一个层面考虑，这些人为何能够做出这样的总结性评论？私以为，这是因为在许

多人的心里面，私生活不检点与喜欢游玩于鱼龙混杂的娱乐场所是有关联甚至可以说是画上等号的。

小的时候看琼瑶剧或者是一些经典电影，总是免不了看到一些富家痴情公子哥爱上美貌风尘女的故事。在那样的故事或者情节中，富家公子哥从来都是专一、忠贞并一往情深的，而风尘女大多都是有才或有个性的美貌女子，或是迫于生计，或是遭人迫害而最终流落烟花之地的。亲爱的姑娘，你看，即便是虚构的电视剧情节中，风尘女子也多有一个令人同情的生世故事或者勾人保护的悲惨过去。剧集的编剧从来不会安排这样的女主拥有主动去往这些娱乐场所的意愿，更不会描述她们在这些娱乐场所中所获得的快乐感受。所以，亲爱的姑娘，即便时代在进步，我们对于娱乐场所的认知与定义在跟随着时代的脚步不断地发生着变化与重新解读。但是，亲爱的姑娘，人生中能够发生的绝大部分安全意外，你不可否认的是，发生在这些娱乐场所的概率要远远高于你所生活的稳定的生活圈、工作圈、学习圈。因此，从整个身处的安全环境角度上来说，我们需要尽量远离这些鱼龙混杂的娱乐场所。

亲爱的姑娘，尽量远离并不代表着绝不允许进入。现在是人工智能快速发展的21世纪，我们生活在这样一个快速发展的时代里，需要通过与外界的接触不断地增加自我的感知力，不断接收并了解更多、更新鲜的流行事物，这样才能保证自己与这个时代的差距不会越来越大，不会越来越脱轨。但是，亲爱的姑娘，凡事真的都需要保持一定的度量。适当的参与并不代表着堕落与沉迷，但参与的次数与时间如果占据了你全部的空闲时间，如果已经影响到了你的正常生活，这时，我要奉劝你，亲爱的姑娘，请保护好自己，尽量让自己远离这些潜在的危险，远离这个生产各种意外的摇篮，远离这个酝酿各种事故的“造影馆”（让你产生虚幻的

影像，却摸不着、够不到，可不就能称为制造虚幻的影像馆吗？）。

亲爱的姑娘，人类一切的行为都产生于内心的渴求与驱使。如果你觉得经常混迹于这些鱼龙混杂的娱乐场所能够让你得到内心的满足与真正的快乐，那么你一定是一位意志非常坚定的姑娘，能够坦然面对一切的诱惑而不动摇，能够淡定地笑看一切灰色与阴暗而云淡风轻。但是，扪心自问，又有多少人能够真正做到这样面临诱惑而不动摇呢？在那个相较而言，处处嘈杂、人人虚浮的娱乐场所，一切的追逐与幻想都被无限地放大，一切的设想与谈论都被鼓吹到能力之外，在那里面，所有人在你眼中都是可以称兄道弟的朋友，任何人的一句无心话语仿佛都变成你能够并且应当抓紧的所谓机遇。每天接触到并越发地坚信着这样的嘈杂与虚浮，你真的可以重新回到现实吗？

亲爱的姑娘，没有必要为了好奇刻意去检验自己的意志是否足够坚定，就犹如没有必要为了逞强而刻意去跟同学、朋友做出一个自己本就没有把握的赌注。亲爱的姑娘，人生或许是一场赌博，但是属于我们的赌场绝对不会是这些鱼龙混杂的娱乐场所。你的时间与精力应当花费在你能够真正提升自我的事情中，如读上一本好书，培养一个自己的爱好，哪怕为自己或是家人与朋友做出一顿丰盛的晚餐。亲爱的姑娘，很久之后，你就会懂得：人生并不是所有的事情都能够重新开始，就好像并不是所有的错误都能够用道歉来挽回。等到有所经历，你就会深刻理解到能够拥有一份属于你自己内心安宁的所在会有多么的幸福与美好。这种安宁可以是你想要的一种生活状态，可以是一份你喜欢的工作，甚至可以是你爱着的一个人、一个物品。你会发现，所有这些能够让你获得内心安宁的所在绝不会是存在于那种鱼龙混杂的娱乐场所。所以，亲爱的姑娘，请将你有限的时间与生命花费在值得的人与事上，花费在正确的时间里，花费在正确的地点上。

野外徒步，只能与家人进行

每每看到诸多刷新我的认知下限的民生新闻的时候，我的内心总是充满疑问：这个世界上真的有这么坏的人？的确，即便看多了各种各样的悲惨新闻，但是，当事情没有发生在自己身上的时候，我们总是很难做到身临其境并感同身受。就好比我们的先人说过：没吃过猪肉还没见过猪跑吗？而在现代社会，却早已变成了：吃过无数猪肉却从未见过一只活猪。所以，亲爱的姑娘，时代在变，衡量诸事的标准也早已改变。虽说我们不能总是用一成不变的眼光来看待这飞速变化的世界，但是，亲爱的姑娘，我想告诉你，不论何时何地，你的进步与发展是不会超越这个时代的整体进步的。在你认为你所处的时代已经发生了巨大的改变的同时，在这个世界的某个角落却仍然存在着落后与愚昧。这些你从未经历过并感觉到难以理解的部分仍然每天都在上演着。亲爱的姑娘，很多你所认为熟悉的人和事或许并没有你想象中的那么简单，很多时候，人与人之所以相处融洽，往往是因为互相没有利益勾连，而一旦你们共同生活在一个环境，争取同一片有限的资源的时候，人性往往是经不起考量的。因此，亲爱的姑娘，不要将自己暴露在充满危险的环境之中，不要刻意去创造并经历，更不要因为好奇去挑战属于你的友情与人性的自然选择。等到你的人生有了足够经历的时候，你自然就会明白，人性往往是最经不起考验的。

亲爱的姑娘，不要以为野外徒步只是出门走路那么简单没有技术

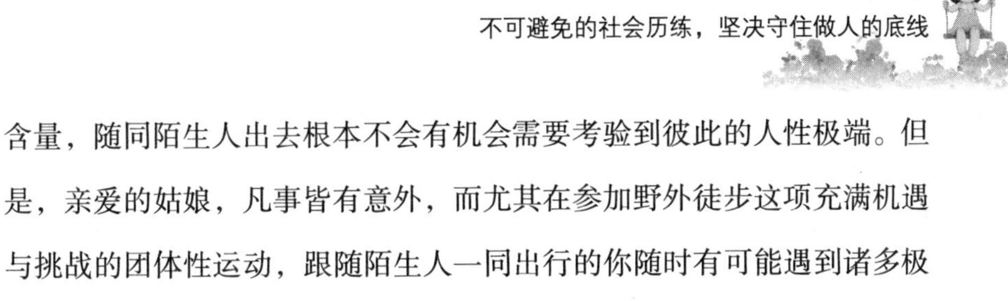

含量，随同陌生人出去根本不会有机会需要考验到彼此的人性极端。但是，亲爱的姑娘，凡事皆有意外，而尤其在参加野外徒步这项充满机遇与挑战的团体性运动，跟随陌生人一同出行的你随时有可能遇到诸多极端。当你徒步在野外，有许多平时我们习以为常的便利都会消失不见，有许多看似简单却要紧的问题都是你无法预知的。亲爱的姑娘，或许你可能只是将户外活动当成释放烦恼、缓解压力的一种生活方式，或许你可能只是认为自己足够天真，或许你就是想要脱离家人朋友以便自己有足够的时间与空间能够思考，但是，亲爱的姑娘，私以为，寻求足够多的时间与空间来思考人生有很多种方式与方法，你实在没有必要将自己暴露在这样充满危机的环境之中。

或许你感觉野外徒步并没有任何的技巧可言，但实际上野外徒步只是看起来比较简单，实则有很多你并不清楚的常识性知识，有很多背后的危险值得我们深思。亲爱的姑娘，如今的我们都生活在一个信息化的时代里面，你以为的联系更为便利也只是在拥有网络计算机的前提之下，脱离了手机、计算机，现在的我们远比从前的人们要脆弱得多。毫不夸张地说，现在的我们，离开了手机、计算机，我们的家人朋友想要寻找到我们就犹如大海捞针，毫无方向感，因此，如果此刻你的手机碰巧没电，身边随行的同伴也并不是熟悉的家人朋友，那时的你该是多么的危险而不自知呢?

亲爱的姑娘，野外徒步的时候选择与自己的家人前往而不要选择不熟悉的陌生人。在户外徒步的时候，时间、路程与行走的速度都尤为重要。与自己的家人一同前往，不必按照陌生人规定的时间、路程、速度来进行，而是可以遵循自己的内心，寻找到最适合自己的最佳步伐，量力而行，既能享受到旅途的美丽风景，又能够真正与家人轻松相处，学

会人生的体会与感悟。

亲爱的姑娘，我们是生活在一个充满了极端矛盾与戏剧化的世界中，而不是生活在处处祥和，歌舞升平的绝对和平的理想国度。即便你不相信，但是野蛮仍到处存在，暴力仍一触即发。生活在繁忙热闹的都市中，你或许难以理解这些事件发生的客观条件，你所熟知的电话报警、微信报警等常识性的自救手段都让你认为这个世界充满了安全感。但实际上，亲爱的姑娘，这个世界上总是存在那么多的荒山僻岭。即便这样的地点在遭遇过度开发的现代已经很少见了，但是在有心人的眼中，在有心人的脑海中，任何没有人烟的地点、任何人烟稀少的野外都能够成为他作案的地点。因此，亲爱的姑娘，即便你很独立、很自信、很果敢，也请仍然保持警惕，对安全问题始终小心以待，在想要出去旅行的时候，尽量避免独自前往。进行野外徒步的时候，放弃不熟的陌生人，选择随同自己的家人，你会发现一个不一样的世界与温情。

第一次约会，慎重选择约会地点

很多姑娘在没有出事以前，都不愿意相信这个世界上真的会有禽兽存在。毕竟，没有经历过的事情，实在很难做到身临其境地感同身受。

亲爱的姑娘，不知道你还记不记得前几年轰动全国的“新东方外国语学校奸杀案”，年仅16岁的花季少女姚金易被残忍奸杀，而案发地点就是在北京昌平新东方外国语学校的教室里。更令人意想不到的是，凶手就是她的同班同学——17岁的同校同学王骐哲。而最令人痛心的是，直到两年后的4月5日，女孩姚金易在被奸杀600天以后，遗体才终于可以

入土为安。而如果她此刻还在，正当是18岁的花季。

18岁的年龄，本应该是如花一样开始绽放，本应正在享受自己的青春年华，人生的梦想和期许才刚刚启航。如果她没有遇难，此刻可能正坐在明亮的教室里面听老师讲课，也有可能正坐在咖啡厅里和朋友们聊天打趣，更有可能正坐在家里吃着妈妈做的饭菜，一家人其乐融融。而这一切，戛然而止。因为此刻的她正躺在冰冷的棺材里面，再也不能感受到这世间的任何美好与温暖。而更加令人气愤的是，此刻的凶手正在外面毫无悔意，甚至企图翻案、逃脱罪名，而他们所在的学校竟然以凶手成绩好为理由，请求法院减刑。

亲爱的姑娘，如果你了解事件的始末，你就能够知道人性的冷漠与恶毒能够到达什么样的程度，你就能够认知到，这个世界的确是有禽兽存在的。原本让家长最为安心的校园却成为自家宝贝的遇难所，而学校在案发后的第一反应并不是保护遇难者，而是想尽办法封锁消息导致遇难者家属取证困难重重。亲爱的姑娘，如果当事人不幸是你，你的家人会有多么绝望，会有多么悲痛！遇难女孩姚金易在被奸杀后的第600天才终于可以入土为安，只是因为凶手的极度逃脱，她的父母在取证困难等种种艰难之下，坚持为她寻求真相。女孩姚金易被杀死在一个没有使用、放满了座椅杂物，而且没有监控的一个教室里。因而，除了杀人凶手和被残害的少女，谁都不知道那天晚上到底发生了什么。她的父母只知道，当他们赶到的时候，只看到曾经青春的美丽少女丧命于桌椅之间，头发凌乱，右脸肿胀并有紫斑，脸部扭曲变形，鼻子大量出血，嘴部肿胀并伴有血迹，头部有伤口，脖子有勒痕，身上有瘀青，臀部有大量血迹。而凶手却坚持说他和姚金易是男女朋友关系，女孩姚金易是自愿和他发生性关系。因为事后害怕姚金易反悔会向老师报告，情急之下

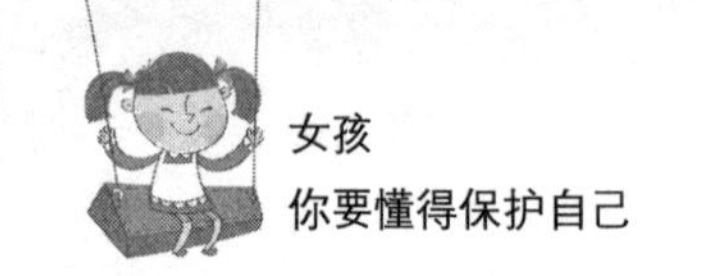

他才失手杀人。而更加令人心寒的是王骐哲家人的态度，得知自己的儿子杀了人，他们的第一反应不是忏悔，而是问姚金易的母亲：这事可以用钱来解决吗？而在得到姚母坚定的拒绝之后，王骐哲的家人再也没有联系过她，甚至在审判和判决的阶段，王骐哲的家人都没有出现。

看到这里，这样的情况你有没有觉得似曾相识？拒绝认罪的凶手一家，冷漠无情的陈家，还有苦苦寻求正义的受害人妈妈。没错，曾经轰动一时的江歌案也是这样，受到伤害的同样是两个品学兼优的好女孩，却都遭受了不同程度的残忍对待，而这一切，都不是发生在某些特殊时刻，都是在不经意间突然来临。

亲爱的姑娘，第一次约会的时候，纵使你内心充满了激动与欣喜，即便你认为对方值得你信任，也还是慎重选择好第一次约会的地点，请选择一个你认为足够安全并能让你完全放松的一个地点。既能让你在发生突发情况的时候尽快脱身，又能兼顾到约会对象心情的场所，如电影院、热闹的街市等，既能充满生活气息，让你们互相遇见各自在生活中的模样，又能随时与人流走在一起，避免落单，偶尔没有话题的时候，周围热闹的氛围也不会让你们的相处略显尴尬。亲爱的姑娘，害人之心不可有，但防人之心绝对不可无，对周围的环境随时保持谨慎，对周围的陌生人提高警惕只有好处没有坏处。

亲爱的姑娘，这个世界上总是有很多你不愿意接受却也无可奈何的事情。善良的人们在遭受欺负并无力还击的时候总是告诉自己并告诉你：善恶自有天报，天道总是轮回。但是，事实真的如此吗？即便真是这样，已经过世的我们又如何能够得知呢？已经失去的就再也回不来，那我们何不从当下出发，掌握好自己的安全分寸，做好自己的安全负责人，把握好现在的每一天呢？

第7章

突发情况不用慌，冷静机敏不上当

生活在现代这个日新月异的社会，我们总是会遇到很多的发展与变化，就如同现今我们很多人越来越强烈地感受到：现代社会，唯有不断地变化才是不变的真理。面对突如其来的改变与发展，我们总是会经历诸多意想不到的突发情况。在遇到突发危机的时候，慌张只会越帮越忙，只有保持内心的淡定与从容，我们才能优雅知性地渡过人生中的一个个危机。

面对生活中的突发情况，拥有良好的心理素质是一方面，但我们更应学会从源头保护自己，尽量减少让自己面临这些突发情况的机会。只有这样，我们才能从根本上保护好自己不受伤害。

记住，贪小便宜吃大亏

曹雪芹曾经在《红楼梦》中写道：世事洞明皆学问，人情练达即文章。亲爱的姑娘，世事洞明对你我这样的凡人来说，或许不容易做到。但是，人情练达却是我们可以选择并训练的。身处在这个利益交织的关系社会，我们没有一个人是愿意吃亏的，因此，同样的道理，天下从来没有免费的午餐，天下也从来没有喜欢被占小便宜的人。

亲爱的姑娘，贪小便宜吃大亏，这是一句真理。与人交往的时候，你的行事作风就是你自己的隐形标签。很多你当时占的小便宜，极有可能就会成为你日后的绊脚石。依稀记得当年上大学的时候，班上的评优竞争很激烈。当时隔壁宿舍的一个女生原本是符合条件可以参选的，但是就是因为没有看到群消息而错失了报名的时间。事后，她曾埋怨过室友为什么不告诉自己评选的时间通知。室友默默不语。后来在毕业之后，大家偶然聚会的时候一起聊起以往的八卦，才知道，当初这个女生的室友经常帮她带快递、带饭回宿舍。当时，大家都是同学，便也没有想那么多；后来，当室友生病请她帮忙买药的时候，她却说自己没空，室友当时一下子就想了很多，但是碍于同学的情面，并没有多说什么。但是两人的关系却日渐疏远。也就理所当然有了后面不特意帮女生留意群消息的那一幕。

亲爱的姑娘，生活在这个世界上的每一个人都不是傻子。你可以占别人的便宜一两次，却绝对不会有人让你白白占便宜一辈子。很多时候，别人可以对你好而不求回报，但是当别人真的需要帮助的时候，也请你热切地回应。俗语说：有借有还，再借不难，这便是一样的道理。就像老话曾经说过的那样，物以类聚，人以群分。有来有往的人，朋友才会越来越多，而自私自利的人，最终只会孤独终老。

前段时间跟两个朋友一起出去吃饭，最终付钱的是我们一个还在读博的朋友，还没有工作，自然也就没有额外的收入。其实本来也就是随便约着一起出去玩，所以便在心里默认大家各自AA了，于是吃完饭回去的路上，我就将吃饭的钱转给了朋友。

没想到，半个小时以后，朋友却将吃饭的钱又转了回来，附上霸气消息：姐请你们的。我便开玩笑地回复："你发财啦，这么土豪，赶快收回去吧，你还没上班，没赚钱，我们怎么好意思吃你的。"朋友却回复道："是我约你们一起出去吃饭哒，你们陪了我半天，听我吐槽负能量，当然是我请客。下次我们再去吃，你就别转回来了，这么麻烦。"听到朋友真诚的口气，我只好作罢。在心里默默地想着：好吧，下次换我请你们吃饭。时间总是这样，在不经意间就流逝掉了，心里对朋友的这个承诺便也拖着拖着一直没有实现。后来，等到想起来的时候，正巧赶上了"双11"，便赶紧买了一支口红，回赠给这位土豪姐，朋友当时就乐开了花。

说到底，朋友都还是一个学生。本来就没有多少额外的收入，就算家境好一点，也还是花着父母的钱，这种白吃白喝的事情我始终还是心有不安。

很多时候，我们都会在生活中或者是工作中遇到需要麻烦别人帮忙的时刻。这种时刻，如果只是一味地索取而不懂得投桃报李，这样的人谁都不会喜欢。而你看似占了很多小便宜，失去的却是很多隐形的大亏。当你在工作或者生活中麻烦到别人的时候，真诚地表示一下感谢，不仅不会损失什么，更会让人知道你的真诚与善良，这样在你下次遇到麻烦的时候，别人仍然会愿意帮助你。所以，亲爱的姑娘，如果能够生活得让人喜欢，就不要生活得那么让人讨厌。与人相处时，不占别人的便宜不仅是一个处事准则，更应该是一个人的良好修养。很多时候，能够做到不占别人的便宜并不是一件很容易的事情，这样的人能够将生活中的每一件事情都做得很漂亮。但私以为这并不是圆滑，而是善良。因为这样的人不仅懂得求人问路，更加懂得投桃报李。

亲爱的姑娘，贪小便宜永远都是吃大亏的。你仔细思考，生活中的哪个骗术不都是一开始让你白白占上很多自以为是的小便宜，而等到你深陷其中之后，便是吃亏受苦的开始。然而，生活中这些明显的小便宜是很容易就能够分辨并学会避开的，真正让我们难以避开的正是人情世故上的很多小便宜。而这类小便宜，一旦占到了，你只会吃更大的亏。亲爱的姑娘，请你懂得别人帮你是情分，不帮你是本分。所以，既然别人肯对你付出帮助，那么就不要占别人的小便宜，让帮助你的人吃亏永远都只会让你自己处于更大更多的困境。

火眼金睛认出小偷，想方设法避开小偷

每每在朋友圈看到周围的姑娘发出气愤而心痛的状态的时候，十

有八九都是丢失了自己视为珍宝的某个物件，或是刚刚新买的手机，或是爱人送的皮夹，而生活总是如此狗血。很多你非常在意的东西，却偏偏最容易被偷走。其实也不难理解，好东西大家都喜欢，而作为小偷，自然更有理由想尽办法将它据为己有。生活中我们总是会遇到这样那样的突发情况，而小偷是我们不管什么文明状态下都会遇到的一个群体。即便像现在，整个社会都已解决了生存问题的时候，还是会有很多人或是出于猎奇的心态，或是寻求内心的刺激快感，或是单纯地想要不劳而获，我们的一生之中总是会遇到一两个的小偷。相信有一点是我们所有人都会有的一个共识：这个世界上从来没有绝对的傻瓜，因此自然也就没有任何人会愿意丢失自己的所爱，会愿意成为小偷光顾的对象。因此，亲爱的姑娘，学会火眼金睛认出小偷并完美地避开他们是一件很重要的事情。我们想要永远保持美好心情，想要不丢失自己的宝贝物件，就需要学会时刻提防小偷，学会火眼金睛认出小偷并完美地避开。

那么如何分辨小偷呢？我们又应该如何从一堆人群中迅速判断出自己需要刻意提防的对象呢？很多姑娘对此都表示一筹莫展，无从下手，其实，亲爱的姑娘，小偷也是人，更是有着许多缺陷的人，因此，不用害怕，只要掌握一定的辨别方法，无论是从生理还是心理角度出发，都是有迹可循、有证可考的。

亲爱的姑娘，你以为现在的小偷还是你印象当中的猥琐模样，一眼就可以认出的吗？时代在发展，我们的生活水平在不断地提高，而小偷群体也在不断地学习与进步，毕竟，没有谁会不顾自己的生存需求而停止前进，不是吗？所以，亲爱的姑娘，在你学会如何分辨小偷的时候，第一步，请你先抛弃你先入为主的陈旧思想，不要再过分相信自己的直觉，从外表上从眉眼的讨喜程度上就盲目判断对方是否为小偷。

事实上，亲爱的姑娘，时代在不断地发展并进步着。现在的很多小偷，出于提高得手概率的需求，大多数的小偷往往都是漂亮且精致的。特别是女性小偷，通常都是非常时髦洋气且气派，而她们的目的也很简单——让人们不敢小视她们，更不会将她们与小偷联系到一起。同理，很多男性小偷也会穿得很有档次，表面看上去同某个合资公司的职员一样的真实可靠。因此，亲爱的姑娘，请你不要以貌取人，更不要根据衣着将人们划分为三六九等，这不仅可笑也是无效的。但是有一种穿着，你可以注意一下：他们往往上衣肥大，袖子较长，全身的衣着都不是很讲究，却穿了一双比较上档次的运动鞋，这样的穿着往往就有为了作案逃跑方便的嫌疑。当然，凡事不可绝对而论，但多留一个心眼仔细观察总是没有错的。

亲爱的姑娘，眼睛是心灵的窗户，这句话在哪里都是通用且成立的。小偷群体作为非正常的人类心态，他们的眼神与正常人的相比较一定会有所不同。你可以留心并仔细观察一下，无论是在什么样的情况下或是处在什么样的位置，两眼总是注视着别人的衣兜、手包、皮包、背包的人，这类人即便不是十恶不赦之人，但也绝对值得我们敬而远之。他们在商场里通常既不参观商品，也不购买货品，而专门窥视顾客从衣兜或者提包中提取和付款时的情况。而在车站、公交站牌、地铁门口等闹市区，他们也会重点扫描对象，那些携带大量现金进城购货的人往往会成为他们的目标。因此，亲爱的姑娘，不论是自己出门逛街游玩，还是为公司采购项目，都请学会更好地保护自己的经济安全，尽量不要随身携带大量现金。利用现在发达的科技手段，用银行卡支付、手机支付，这样不仅可以提高我们的工作效率，更能极大程度地提高我们的资金安全。如果你在某些特殊行业工作，有机会必须携带大量现金出门的

时候，务必叫上关系较好的男同事，寻求他们的帮助，并且在出门的时候记住一点：很多时候，越是普通的装束，越能避免被小偷盯上。

亲爱的姑娘，我们每个人都希望自己的生活可以越来越好，自己可以生活得越来越舒服、越来越轻松。因此，不论时代怎样进步与变化，不论人民的素质提高到什么样的程度，总是会有那么一个群体想要一劳永逸，想要不劳而获。因此，我们需要学会时刻提防他们，学会火眼金睛认出他们并完美地避开。不论我们在别人的眼中如何的独立自信，这些都不应该成为别人以非正常的手段欺负的理由，不是吗？遇到需要帮助的人我们可以提供帮助，我们不再需要的物品也可以进行捐赠，但决不应该允许他们未经允许就擅自夺走，不是吗？

避免激怒坏人

遇到危险的时候大声呼救似乎是我们所有人都默认的一个常识，在绝大多数的情况下，这样的措施也是正确并有效的。但是，亲爱的姑娘，凡事皆有意外，我们不能以绝对的统一去应付这世间所有的可能。面对危险的时候，是否应该大声呼救也是一样，正常情况下，我们的确应该大声呼救以求得更多人的关注并顺利获得帮助。但是也有特殊的极端情况需要我们注意，无论在任何情况下，我们的生命安全都应该放在首位。因此，面对一些特殊情况，我们需要选用更为安全的方法来脱身。

亲爱的姑娘，如果你在很偏僻的地方遇到了不幸，你可以选择悄悄留下记号，如丢下身上家人较为熟悉的物品，以便为外界营救你的人们提供更多的线索。你也可以选择假装配合，佯装认同他的想法并尽量满

足他一些不涉及安全的心理需求，让他放松警惕并注意寻找机会趁机逃脱。但是一定不能大喊大叫，要避免激怒坏人。

就在清明节期间，在深圳宝安区的一个出租屋内，女孩武某正要关门准备外出与友人游玩。令人意外的是，就在这个走廊里面突然窜出一个彪形大汉，上前就猛地拽住武某，并想要强行将她拖到自己的房间内欲行不轨。武某立刻激烈反抗并大声呼救，不幸的是，当时正值节假日。这套出租屋内原本居住的就是平时在外的上班族，清明期间大家可能都回家了。在武某激烈反抗并大声呼救的10多分钟内，居然没有人听到并对她施以援手。而凶手见到武某在不停地大声呼救，心中十分害怕，生怕被其他人撞见，因而动作更加疯狂。武某坚持了10多分钟以后实在坚持不住，最终被其拖回出租屋内。而经过武某大声呼救的惊吓之后，凶手叶某也已经没有了行不轨之事的想法，只是将武某绑在屋内。武某在认清楚形势之后反而冷静了下来，她看到凶手叶某并没有对她实施暴行，便判定叶某内心也是害怕的，只是出于某些原因，一时也不愿意放了她。于是，她主动跟凶手叶某聊起了天，试图弄清楚他想要绑架她的理由，经过武某耐心的开导之后，凶手叶某最终放松下来，情绪渐渐稳定，最后，武某了解到，叶某由于常年找不到女朋友，内心郁闷，又见吴某长得漂亮，见到这次出租屋内的其他人员多数都已外出，只剩下他和武某两人，便伺机袭击了武某，想要强迫她成为自己的女朋友。武某在了解到这个信息之后，便佯装答应了凶手叶某的要求，称自己其实也早已喜欢上了叶某，很愉快地答应成为他的女朋友，并跟他说自己本来就是要出去见朋友的，既然现在有了男朋友，刚好两人一起去见她的好朋友。

叶某见武某答应了自己的要求，一时激动难耐，便对武某有求必应。特地收拾妥当跟随武某一同外出前去见她的友人。而武某在出门之后，寻找到机会便立刻摆脱了叶某的控制，在确认自己已经安全之后便立刻报警，最终，叶某被警方拘留，被判定为强奸未遂，付出了应有的代价。

亲爱的姑娘，你看，即便你已经足够警惕，但是这个世界就是：只要有禽兽的存在，危险就无处不在。而这个世界上是否有禽兽的存在是我们任何人都无法控制的。因此，除了对自己所处环境的高度警惕之外，我们还要学会了解在遇到危险时如何才能更好地保护好自己的方式与方法。遇到危险时固然应该大声呼救，以免错失被解救的最佳时机，但是，我们更应当学会实事求是，根据实际情况，具体分析是否应该大声呼救，在尝试自我营救失败之后，不要气馁，更不要自暴自弃，放弃继续逃离的机会，主动与凶手沟通，巧妙利用自身优势，留下尽可能多的证据与线索。在发现凶手情绪激动之后，不要故意刺激、激怒对方。尝试沟通稳定凶手的情绪，让他冷静下来耐心听你分析做了违法乱纪事情的后果，告诉他还有选择，不要因此就走上不归路。

亲爱的姑娘，私以为，这世间没有生来的好人与坏人之分，就正如人之初，性本善，性相近，习相远。任何人在遇到人生中的苦难与打击时，都有可能仅仅因为一念之差就走上行为的极端。这时，如果我们能够心怀善念，在保证自我人生安全的前提下，尝试与对方沟通，就存在感化对方让其主动放弃恶行的概率。而你的故意刺激、挑衅只会让事件不断恶化，毕竟，很多人都是吃软不吃硬。既然行凶之人已经下定决心走上极端，这时的他必然不再惧怕任何比他弱小的力量，而你的不断刺激只会让他感受到世界的寒冷与邪恶，只会推着他在这条不归路上越走越远。

警惕充满善意的“好人”

生活中，我们有可能有过这样的经历：有时候你会莫名其妙地相信一个并不熟悉的人，会告诉他很多事情，甚至这些事情其实你都没有跟身边亲近的人讲过，但是面对他，你却将你的一切毫无保留地告诉了他。可能是在一个偌大而陌生的城市里，你正在手无足措的时候，周围人的冷漠忽视正让你倍感凄凉的时候，而他刚刚好出现了。你看到他展现给你的微笑，看到他伸出来的手，你仿佛看到了救命的绳索，除了紧紧抓住，似乎再也没有其他办法。但是，亲爱的姑娘，你有没有想过，这绳索的一端有可能是天堂，而另一端也有可能是无尽轮回的深渊。

一个姑娘羡慕明星在闪光灯下的光彩夺目，于是决定去闯荡娱乐圈。但是作为一个名不见经传的普通人，即便你貌美如花，但没有相应的渠道资源，进入任何行业都并不是一件很容易的事情，更何况是她一个长相普通想要进入美女鲜肉横行的娱乐圈呢？这其中的艰辛可想而知。具体有过多少次想要放弃的念头，姑娘已经完全不记得了。但是就在姑娘凭借自己的努力终于从群演变成有一两句台词的配角的时候，他出现了。他是某个影视剧的制片人，在行业内算是“有头有脸”的人物，他主动联系到姑娘，说是很欣赏她的努力与才华，觉得她很有演技，很适合他正在筹备的一部电视剧中的一个角色，如果需要的话，让姑娘尽可能地联系他，他可以给予她全力的帮助。

姑娘深深知道在这人脉就是资源的社会，能有一个主动对她表示欣赏的人对她来说会有多么的鼓舞与心动。那一刻，姑娘仿佛已经看到了想象中的自己站在闪光灯前的明亮与闪耀；仿佛一夜之间这整个世界都已经变了一番模样，有人欣赏她的才华，或许她并没有自己想象中的那么糟糕，或许这个世界也没有她想象中的那么冷漠。于是，没有丝毫的防备与犹豫，姑娘表达了同意与感谢，准备更加努力，不让别人对自己的期待落空。

就在姑娘对未来的一切充满期待与憧憬的时候，制片人联系到姑娘，想要让她去一起参加一个聚会，说里面全是圈内人，他会给姑娘介绍更多认识的人。姑娘欢呼雀跃，精心打扮了一番前去参加宴会。宴会上全是姑娘并不认识的“行业大佬”，还有一些看似跟姑娘一样的同龄人。觥筹交错之间，每个姑娘都在看似精心设计却又云淡风轻地展示着自己的个人魅力，有人提出表演唱歌助兴，就有人借机展现深厚的舞蹈功力。而姑娘很幸运地并没有被“点名”，正在姑娘暗自庆幸之际，制片人让姑娘起身陪同在场的每一位“大佬”喝上一杯，打个招呼表示一下自己的失礼与歉意。对于这个看似没有任何不妥的建议，姑娘没有犹豫，出于礼貌，赶紧起身开始寒暄，想要在这一群颜值与才华并存的姑娘中间为自己争得一席之地。但是，人那么多，没有任何一个人姑娘敢遗漏，谦恭谨慎之间，姑娘很快就被灌得五迷三道，就在她表示自己已经不能再喝的时候，其他人似乎都才刚刚被挑起兴致，一杯接一杯的烈酒送到了姑娘面前。姑娘骑虎难下，只得硬着头皮全部喝了下去，至于接下来的事情，姑娘只知道自己第二天全身赤裸地醒在一个陌生的酒店房间里，而旁边睡着那个给了她无限希望的制片人。很快，姑娘就懂得自己遭遇了什么，但是那一刻，她选择了沉默以及接受。而制片人醒来之后也若无其事地穿衣走人了，没有任何歉意的表达，也没有任何关系的承诺。姑娘自己起身在床边坐了很久，欲哭无泪。

姑娘觉得自己已经付出了相应的代价，他曾承诺过的电视剧角色一定已经确定无疑了吧。可惜的是，过了很久，姑娘也没有等到电视剧开

拍的消息，而姑娘也没有勇气做出什么。更糟糕的是，姑娘后来得知，那个制片人是艾滋携带者。

亲爱的姑娘，天上从来不会掉下免费的午餐，更不要说会有好吃的馅饼那么幸运地砸在你的头上。即便天上会掉下东西来，大多数也都是会砸死人的毒苹果。所以，请你收起自己的天真与纯良，警惕身边莫名出现的充满善意的“好人”。亲爱的姑娘，你要相信，除了自己的父母亲人，世上绝对没有无私到不图任何回报就对你事必亲躬的人。即便有，也请你扪心自问一下，你真的会有那么幸运到遇上那万分之一吗？你有什么资本可以让别人对你倾力相助？因为才华？因为美貌？亲爱的姑娘，对于长相普通且没有特别之处的平凡人来说，这一切不过是水中月、镜中花。人生的成长从来都不是一个越来越甜的过程，我们需要学会认清现实并苦中作乐。

了解传销，才能避免误入传销组织

相传很久以前，有一座充满了黑暗力量的城堡，里面到处都布满了邪恶的爪牙，人一旦陷进去就出不来。有一天，一位独自出门旅行的人因为一场意外的暴风雨，碰巧进入那座城堡，却发现里面并没有相传的那么恐怖。相反，里面到处都充满了欢声笑语，处处都弥漫着和谐温馨的气息，里面的人们没有高低贵贱之分，更没有身刑劳役之苦，所有人都在勤俭自强，心怀宏图大业，交谈之处到处都充满着热烈的掌声与热情的赞颂之声，大家彼此之间，用互相的梦想与信念激励着远道而来的宾客。外出旅行的漂泊之人被这种温情围绕，不自觉地想要融人，殊不知，正是这种自信与融洽，最终将纯朴善良的旅行者渐渐引向罪恶的陷阱。

亲爱的姑娘，相信聪明的你此刻一定已经看出，这座充满诱惑的黑暗城堡就是传销组织。如同故事中的旅行之人一样，很多人都是因为不够了解传销组织，被传销组织温情激烈的表象所迷惑，对组织传达的理念深以为然，最终才会深陷其中无法自拔。就像电视剧《北京女子图鉴》中的一幕：刚刚毕业的北漂姑娘陈可受邀去参加一次土老板之间的饭局，出席饭局的每一位“总”都携带了一名漂亮女孩作陪。陈可也是作陪之一，但是她却坚信自己只是因为生活所迫而被迫参与，所以她在饭局上始终以一个外人的视角，表面谦和低调，内心却冷漠并鄙视着饭桌上每一个除了她自己以外的陪酒吃饭的女孩。结果等到吃完饭之后，邀请人送她回家，而她突然返回去寻找丢失的手机，却意外地发现：她曾以为交到的一个知己都是假象，她所坚信的自己跟其他女孩不一样也只是自己的太过天真。她以为她在笑看别人，殊不知，她自己才是别人眼中最大的笑柄。她所以为的理所当然只是别人在眼中的逢场作戏，而她所鄙视的阿谀奉承却最终帮助她获得了一份还算不错的工作。她以为交到了一位知心好友，结果只是被对方当作一个免费的陪酒妹而已。

很多时候，我们也是一样，总是因为身在此山中，便看不清楚自己真正所处的情势。刚刚步入社会，听到了某个看似实力派的大师天花乱坠的许诺与忽悠就天真地认为，自己已经进入远方一个自己梦寐以求的阶层。亲爱的姑娘，传销就是如此，当你被引诱进入内部的时候，你被许诺只要你足够努力就会走上人生巅峰。当时的你并不会发现，其实他的许诺里面永远都不会有实体产业的存在，即便有，也轮不到你来获得收益。但是天真的你还是会愿意相信并且照做，究其原因，天真没有防

备的心理是一方面，另一方面却是一颗想要快速获得成功的心。

亲爱的姑娘，你有没有发现，通常陷入传销组织里的人都是被“洗脑”成功的人，他们往往对于自己的现状很不满意，生活也比较落魄，基本都是处于事业的“空档期”（事业、爱情等或受打击的时期）而急切地想要改变现状。而传销组织就是利用这类人群想要获得成功的急切心理，不断给他们灌输“只要通过自己足够的努力就一定能获得成功”这种看似没有毛病实则一堆漏洞的“鸡汤”理念，告诉他们只要不断发展下线，然后让下线再发展下线的下线，他们便能坐享渔翁之利。私以为，这种不需要通过自我劳动而只需要每天坐在那里看似努力就好的生财之道对谁都会有着巨大的诱惑力。但是，正是当局者迷旁观者清，作为一个局外人，你会轻易地发现传销组织的最大漏洞——没有商品。而这也正是传销组织的坑人之处，是让千万陷入传销的人们走上家破人亡的毁灭之路的根本原因。没有商品，只有不断的投入与付出。最终，真正的成功者并不是正在每日奔走努力发展下线的你，而正是将你作为下线的最顶端的那一两个人。而你只是利用周围家人亲友的血汗钱为他人白白做了“嫁衣”而已。

亲爱的姑娘，想要避免误入传销组织，我们就要彻底了解清楚传销组织的本质——贪欲以及空头支票。传销组织正是利用许多人急于成功的迫切心理，承诺你许多无法兑现的空头支票，吸引你一步步走入他们设计好的陷阱，最终陷入万劫不复之境。亲爱的姑娘，请你记住：世上永远没有免费的午餐，即便有，能掉到你头上的也绝对是有毒的陷阱午餐。因此，不要贪恋本不属于你的意外横财，更不要憧憬不切实际的不劳而获。

那些不可不知的紧急求救电话

有人说，成功的机会稍纵即逝，因此总是留给有准备的人。其实不幸遭遇安全事故时更是如此，从事件发生到最终获救，由死到生的反转往往就在那最初的短短片刻，这时，获救概率最大的人也一定是有着安全防备的人。因此，亲爱的姑娘，以下这些紧急求救电话望你知悉。

110　110应当是我们出生以来最为熟悉的一个报警电话。的确，110作为我们中国普及最广的报警服务平台，除了负责受理刑事案件、治安案件之外，还接受群众突遇的、个人无力解决的紧急为难求助等。因此，亲爱的姑娘，如果你不幸遇到了以下突发情况，你都可以选择拨打110：正在进行的或可能发生的各类刑事案件，如杀人、抢劫、绑架、强奸、伤害、盗窃、贩毒、偷窃等；正在进行的或可能发生的各类治安案件或紧急治安事件，如扰乱商店、市场、车站、体育文化娱乐场所的公共秩序、赌博、卖淫嫖娼、吸毒、结伙斗殴等；除了这两大类的人为案件可以选择报警之外，如果遇到火灾、交通事故、自然灾害和各种意外事故等都可以选择果断报警；另外，如果在路上遇到疑似警方正在通缉的犯罪嫌疑人，更应当立刻报警。总而言之，亲爱的姑娘，如果遇到了你认为需要有人民警察到现场才能够解决的事件时，那就果断选择报警，用法律手段维护自己的正当权益。

亲爱的姑娘，我们现在的110平台其实并没有像我们诸多影视剧中看到的那么神乎其神，如果你在外面遇到了突发情况，周围只有公用电话，一定要想尽办法尽量描述清楚你所处位置周围的一些地标性建筑，为接警的民警提供尽可能多的位置信息。除非在事先对你的手机安装特定的GPS追踪定位器，不然民警是没有相应的技术手段仅仅依靠你的电

话就能准确判断出你所在的位置的。

120是负责处理我们日常急救和大型突发事件、事故时我们可以选择的紧急救援电话。亲爱的姑娘，并非是一定重大到危及生命的时候，我们才可以拨打120。当然，前提是在你认为情况危急需要抢救的时候再拨打120。紧急情况的界定需要根据每个人的所处环境等情况，并不能一概论之。例如，同样都是遇到了摔倒骨折的情况，如果是一个老爷爷遇到了骨折，家中只有一个陪同的老奶奶，老奶奶六神无主，这时就可以选择拨打120；如果是一个年轻力壮的成年人遇到了意外，摔倒造成了骨折。完全可以叫上熟悉的小伙伴一同前往医院接受救治。

亲爱的姑娘，曾经有人说过，这世界上的所有人对医生最大的误解就是错误地认为医生是神仙，生病了只要送到医院必定能够治好。实际上，医生也是拥有衣食父母、家人亲友的同我们一样的普通平凡人，只是恰巧学习了医学专业，成为“医生”这个专业的人而已。因此，拨打120的时候，我们需要尽可能地保持冷静镇定，并为接电话的医护人员提供尽可能多的现场信息，尽量做到确切、简洁、明了。此外，务必给接电话的人员描述清楚病人的具体症状并在他的指导下做出相应的急救措施。事故发生所在地的具体地址也要沟通清楚，拨打120的时候，时间就是生命，我们需要做出尽可能多的考虑以便救护车能够以最快的速度到达救治的现场。

世界各国的火警号码都不一样，但是每个国家都选择了让人们最容易记住的数字来组成火警号码。就如我国的119谐音“要要救”。亲爱的姑娘，拨打火警电话119的时候，一定要保持沉着冷静，将情况用尽量简练的语言表达清楚。准确报出失火的地址、什么东西着火、火势大小、有无人员被困、有无发生爆炸或毒气泄漏等情况。打完电话以后，立即派人去交叉路口等候消防队员，引导消防车迅速赶至火灾现场。如若火情发生了新的变化，应当立即告知消防队，以便他们及时调整力量装备部署。

亲爱的姑娘，如果你不幸遇上了交通意外，除了110以及120，请学会拨打122。122报警服务台是我国公安交通管理机关为受理群众交通事故而专门设立的一个报警电话，用以指挥调度警员处理各种报警以及求助，同时也处理一些群众对于交通管理和交通民警执法问题的举报、投诉和查询。亲爱的姑娘，你要知道122是公安交通管理机关指挥中心的主要组成部分，24小时值班，所以，无论在什么样的紧急情况下，请记住你还可以拨打122。亲爱的姑娘，人生总是充满了意外与不定，在生命没有终结之前，你永远都不知道意外和明天谁会先到来。而我们所能做的，就是尽可能地珍惜生命。

遭遇抢劫等意外，如何机智应对

公安大学教授王大伟在一次演讲中说过这么一个故事：有一个北京名牌大学的女孩，是个团支部书记，学习成绩优异，可能什么知识都懂，却唯独没有安全知识。有一天晚上出去打的的时候不幸遇上了意外，载她的是一个强奸惯犯。司机看她长得很漂亮，又是晚上一个人，于是就把她强奸杀害了。后来在审讯中警察得知，原本司机并没有想杀害她，但是却因为她的一句话而改变了主意。这司机其实是个惯犯，在这女孩之前还强奸了16个女孩，但他没有杀之前的16个女孩，只单单把这个女孩杀害了。因为这个女孩当时说了一句话：“我记住你长什么样

了，我一定要报案。”结果司机就说：“既然你已经记住我长什么样了，我还留着你干什么。”于是，就一刀把她给杀害了。就这样，一个名牌大学的在校生，因为没有安全常识，丢了自己的生命。

因此，亲爱的姑娘，很多时候，装傻不仅是一门学问，更是一门技术。在性命相关的关键时刻，装傻不仅能够保住我们的生命，更能确保我们的安然无恙。在现实的社会中，太过心直口快都未必会招人待见，甚至可能会得罪更多的人，更何况是遭遇到抢劫等意外情况的时候呢？既然对方已经下定决心，破釜沉舟成为劫匪，如果你还是故意反对，只会使他更动怒，做出更多不可预计的疯狂举动来。因此，亲爱的姑娘，如果你不幸遭遇到了抢劫等意外，请学会机智应对。

北京有一个女司机，有一天晚上开车在外面拉活的时候，接上了一名戴着眼镜、看似大学生的乘客。这名乘客要去距离北京很远的郊区，女司机开车载着他走了一个多小时，走到山区的时候，这个“大学生”突然说了一句话将这个女司机吓坏了。他说：“停车，我要撒尿。”北京所有的司机都知道，说这句话代表着这个乘客要抢劫杀人。女司机被吓得毛骨悚然，但是车已经开到了山区，如果继续开下去，自己一边开车一边肯定会被伤害。于是，女司机乖乖将车停了下来。一停下车，劫匪就用小绳子勒住了她的脖子，并用刀架在她肋骨那儿。女司机知道他这是想把她拖到外面去杀害了，因为怕血流在车上，影响他卖车。于是，姑娘就想好了坚决不能下车，并决定跟这个歹徒斗智斗勇。就在歹徒强行将她往外拖行的过程中，这个女司机猛地一下将他抱住并对他说：“小哥，你不就是想要我这个车吗，这车其实也不是我的。你看这样行不行，我老公两年前就背叛我跟一个女的跑了。不如我们一起到前面把车去卖了，然后你带着我私奔吧。”歹徒一听，自己又得财又得色，很是开心便同意了。

于是，女司机佯装很开心地同歹徒一起策划私奔，将车迅速开上了公路。到了公路上过来第一辆车的时候，她发现这是一个出租车司机，她想对方只有一个人，救不了她。于是她继续往前开，第二辆车是一个拉煤的长途运输车，她想这个也不行，因为这种司机通常都是疲劳驾驶。开到第三辆的时候，车上坐着6个小伙子，是一个卖水果的车。于是，姑娘猛地将车开到了水果车的前面，猛地插进去，结果两辆车撞在了一起，发生了交通事故。那6个小伙子一看就特生气，提着棍子就走下来准备打架。这时，姑娘就向他们求救说自己被劫持了，于是，姑娘安全得救了。

亲爱的姑娘，人生总是有很多我们不愿遇到但又无可奈何的事情，因为生命从来不会停下前进的脚步，无论是平缓还是激流，无论是顺风还是逆风，我们作为过河的人，谁都不可能侥幸逃脱。因此，遇到意外的时候，与其愁眉苦脸地面对，不如敞开心扉勇敢接纳。让自己学会冷静，努力思考，才有机会随机应变。说来奇怪，人生总是这样，我们的周围仿佛有一个奇怪的磁场，当你遇见极端意外的时候，越是心情惨淡得愁眉苦脸，周遭遇到的事情就越是令你痛苦，吸引到的就越是负能量连篇。而当你保持良好心态，即便遇到了一些特殊情况，你也会觉得无所谓，便很快就能大事化小、小事化无。连带着你就会觉得，似乎周围的所有事情都在慢慢变好，你的整个人生也都仿佛变得不再一样了。生活中，我们总是有过这样的经历，很多时候明明自己很懂得知识点，可在遇到突发情况的时候却大脑一片空白，等到事后回忆的时候才追悔莫及。因此，亲爱的姑娘，无论情况多么糟糕，也请让自己尽量保持一个良好心态。我们想要让自己能够遇事机智，首先就要学会调节自己遇事之后的心情和心态，即便当下心情不好，但也不要持续过长的时间，逼迫自己将更多的时间从悲伤那里收走，才能给自己留出足够多的时间来思考并迅速脱离危险。

遇到难题，向父母和老师求教

很多时候，也不知道为什么，我们总会对一些事情耿耿于怀。明明知道放下会更快乐，却又始终忘不掉那些人与事；很多时候，你以为你是真的放下并释怀了，却又往往会因为在某个路口，看到某个熟悉的场景，心揪得直疼，泪流满面。

亲爱的姑娘，世上无难事，庸人自扰之。很多时候，我们之所以会活得这么累，是因为心里装了太多无关紧要却又极其伤身的人和事。有些是深感遗憾，却又无能为力的往事；有些是万分不舍，却又不得不各奔东西的朋友；有些是心心念念，却是拼尽全力却又抵达不了的远方……就这样，我们可能会被这样那样的一次次的情绪折磨，一次次地无可奈何。这时，亲爱的姑娘，遇到自己无法解决的任何问题，不要忘了你的父母和老师。尽管有时，你会认为他们可能理解不了你；尽管有时，你会认为说给他们听了或许也只是徒增他们的烦恼而已；尽管有时，面对他们，你会报喜不报忧地刻意将你面临的问题简化到最低。亲爱的姑娘，其实，一切并没有你想的那么复杂。对于很多难过的心理关，在你看来如同逾越不了的鸿沟，殊不知，在父母和老师的眼里，不过是人生成长过程中的一道小坎。所以，亲爱的姑娘，你没有询问过他们的意见，你又如何得知他们真的不懂呢？

有一位朋友，她有一个弟弟。小的时候，她总认为爸妈偏向弟弟。成长过程中，心里便始终介意着父母的偏心。因为年少的嫉妒，便对弟弟刻意疏远，最终赌气般地考上了一所好大学，终于扬眉吐气地离开了家。大学毕业之后，她进了一家还不错的外企工作，成了一名城市里的小白领，而家中的弟弟最后勉强读完职业中专，成了县城里普通工厂里的一名流水线工人，对于她这个姐姐更是仰视中又多了一些敬畏。由此，她便如同空中鸟、水中鱼，独自在偌大的城市里打拼，过程很苦，但是她从来没有对家人提起过，只是按月往家里汇着越来越多的生活费。

后来，她结婚生子，找了一位志同道合的老公，两人一起打拼自己的小事业。生活过得也算是顺风顺水。但是年少时对父母偏心的芥蒂却始终难以释怀。直到当她得知这些年汇给父母的生活费如数被父母用在给弟弟买房买车的时候，她的内心终于苦涩到心凉。自此，她竟再也没有回过家，直到父母过世。

后来，她老公的公司面临破产，急需一大笔资金周转。正当她焦急准备卖房子的时候，弟弟却不知道怎么知道了这个消息，连夜坐车来到她家将20万元现金放在她的面前。她讶异于弟弟哪里来的这笔钱，却听弟弟说道："姐，去年工厂倒闭，我和你弟妹都下岗了，想买辆车却没钱，你给了爸爸5万元钱，让他给我，还不让爸告诉我是你的钱。"朋友当时呆住了，弟弟却依然还在说着："爸妈临走的时候说了，小时候你总让着我，因为我是弟弟。现在他们不在了，我要保护你，因为你是女孩子。爸妈还说了，有一天他们不在了，我就是你娘家人……"朋友瞬间泪如雨下，为自己的薄情竟然误会了父母这片深爱的苦心。父母早就知道他们终有一天将不久于人世，他们也知道生性高傲的朋友，连亲情或许都不会索取和依赖，所以，他们竟早早地替她预订好了未来的爱和守护。

小的时候，父母、师长在我们的心里总是如同超人一般的存在，遇到任何的需求想法都可以放肆地提出。那时，父母、师长是天，我们躲在他们的怀抱里，悠然自得。而现在，亲爱的姑娘，你的长大永远都只是自认为是的长大，其实，在父母、师长的怀抱里，我们仍然可以悠然自得。世界在变，我们在成长，而父母、师长，也在向前奔跑。或许他们的速度没有我们的快，或许他们的步伐没有我们的急促，或许他们的思想没有我们的“跟上潮流”，但是，亲爱的姑娘，请你给他们时间，更给他们关心你的渴求，更给他们帮助你的机会。

亲爱的姑娘，人生苦短，在生命终结以前，或许我们永远都无法得知明天与未来哪个会先来，所以，不要纠结于很多庸人自扰的事情，不要用我们自己片面的、有限经历的思想去衡量父母的爱，去给他们设定你所认为的“能力框”。其实，世界尽管很大，但是父母看过的永远比你多，给予你的也永远比你想象的深沉。可能在短时间内，面对一些无关痛痒的小问题，你会觉得朋友比父母更加能够懂你，但是，等你有所经历以后，你会发现：遇上真正人生的难题，亲爱的姑娘，你不得不信：姜永远都是老的比较辣。

即使犯了错，也不要被他人胁迫

看过很多的电视剧或电影，总会发现这样一个事实：原本单纯善良的那些男二或者女二，一旦因为某件小事而有了把柄在别人的手里之后，被别人胁迫过一次做下一件稍微大点的坏事之后，就一发不可收拾，再也回不了头。人生其实更是如此，亲爱的姑娘，一旦有了你所认为的把柄握在别人的手上，而你又很怂地一次次地选择妥协，很快你就会发现，整个人生早就变成了乱七八糟的不知道什么样子，再也不是你想要的那个人生。回看影视剧中的那些被迫变成的坏人，似乎走投无路之后，或是出于无奈，或是出于真心的忏悔，只要鼓起勇气停下犯错的脚步及时止损，不再被他人胁迫，人生就又可以重新开始。但是，亲爱的姑娘，影视剧毕竟只是美好的想象，主角的人生可以按照剧本设定随时改变走向。而真实的人生，身为平凡人的我们，未必都会有如此的好运。

2017年3月16日，沙坪坝派出所的值班室，突然接收到市局指挥中心传来的一条报警短信，短信上面写着：救救我吧，我现在被人控制，胁迫我从事诈骗，涉及金额有几十万元。

警方起初认为可能是一桩传销案，报警人在短信最后备注了自己的详细地址，民警迅速赶到了事发地点。眼前的一幕却让民警震惊不已——一名女子全身赤裸地被铐在计算机面前。

女子脸色苍白，左脚被脚铐锁住，不敢作声，面前的电脑上是密密麻麻的QQ、微信聊天界面。现场还有一名男子，男子声称自己和女孩是夫妻关系，只是因为吵架，怕她会跑所以将她锁在凳子上。在民警面前，男子拿出脚铐的钥匙给女子打开了锁，女子显得十分害怕，小声告诉民警她被家暴。两人居然真的是夫妻？这一事实又让在场的民警震惊不已。

在受害者的家中，民警随处可见手铐、脚铐等物品，该男子有重大犯罪嫌疑，于是，民警将两人带回派出所内做进一步调查情况。在派出所中，报警女子一边流泪一边讲述了整个事情的原委，事情的真相再度令所有人震惊不已。

原来，该女子在两年前曾经向该男子借了一笔1万元的款，因为种

种事情最终没有能够还上这笔钱，该男子最终带了几个人冲到女子所在的出租屋内催她还款。女子身上没有足够的钱，男子竟威逼女子当众与其发生关系并拍下了女子的裸照以及不雅视频。事后，男子还胁迫女子与他领取了结婚证。无奈之下，女子选择了忍受，没想到，这一忍受换来的却是男子变本加厉的欺辱。此后，该男子每天给女子下达“还钱指标”，如果每天还不到这么多钱，就将女子锁在屋内，男子从外面带来“客人”，让女子每天“工作”还钱。后来，没有工作的男子嫌这样的来钱方式太慢，又打上了电脑诈骗的主意。他胁迫女子每天在网络上与人裸聊，骗取钱财，如果女子不从，换来的就是一顿拳打脚踢。

女子原来以为两人毕竟已经成了夫妻，自己的隐忍终有一日能够换来丈夫的改变。没想到丈夫却变本加厉地对待她。2017年年2月，男子为了让女子每日为他骗钱，居然买来手铐、脚铐整日将女子锁在电脑桌前，通常一锁就是一个月，而这也成了女子向男子反抗的导火索。女子悄悄通过手机摄像、录音的方式搜集了男子非法拘禁自己以及逼迫她实施电信诈骗的证据，最终发出了那条报警短信。

亲爱的姑娘，你看，即便人生中你所认为的把柄被别人掌握，也并非是没有办法对待胁迫你的犯罪分子，一切的前提还是你是否有足够的勇气与坚定的决心。而诸多的经验都告诉我们，即便没有你所认为的把柄，遇上想要欺辱你的犯罪分子，你的软弱妥协也只会让他更加猖狂。而即便真的有所谓的把柄在别人手中，只要鼓起勇气，选择用法律保护自己，一切都还可以重头再来。

亲爱的姑娘，人生就是这样随意。很多时候，你心里的人生是什么样的，你眼中的人生就会变成什么样。不论处于人生的何种节点，不论当时的境况已经糟糕到让你觉得多么无奈，不论周围的人们将会怎么看

待你所经历的一切。可怕的并不是迷途知返，而是一错再错。你在乎别人眼中的你会是什么样的，你就只能越来越妥协。但妥协到最后，你还是会发现，不论你怎样妥协，也永远无法让所有人都满意。所以，亲爱的姑娘，放轻松并且勇敢地做自己。如果你已经犯下了小错，就不要再让悲剧延续，不要因愚蠢地选择接受胁迫而酿成大错。请你记住，人生永远都是亡羊补牢犹未晚也。

第8章

谨慎对待陌生人，拒绝诱惑不受骗

有人说，社会上的陌生人太多太危险，所以人们之间越来越冷漠。有人说，世界需要温暖，陌生人之间的相处也需要爱心的传递。而我说，人之初，性本善。任何社会关系的形成都是人类各式活动展开的结果，你充满善意，世界就会充满爱；你若充满恶意，世界就会变成冰冷的所在。面对陌生人，我们仍旧需要保持谨慎态度，拒绝诱惑才能不上当。

“送人回家”是个陷阱

她是一个桦南县普通家庭的孩子，同时她还是一名神圣的“白衣天使”；她和普通的17岁女孩一样青春活泼，此刻却只能躺在冰冷的地下；她只是出于好心去搀扶了一下“假装晕倒”的孕妇，却没想到会被残忍地先奸后杀；她以为她是向这个世界传达善意，却没想遇到的只是一个蓄谋已久的阴谋。原本还有一个月就该开心庆祝她18岁生日的小萱，此刻却已跟我们所有人告别，去了属于她的天堂。

因偷情被丈夫发现，桦南县孕妇谭某竟然想出了“找个女人给丈夫玩一玩”的计划。7月24日，谭某利用路人对孕妇的特殊关照心理，故意在路边摔倒。路过的善良姑娘小萱看到毫不犹豫地将她扶了起来。谭某谎称自己不舒服，拜托小萱送她回家。毫无防备的小萱答应了，却没想到这却成了她和这个世界的永别。小萱送谭某回到家之后，谭某热情地给小萱倒了一杯含有安眠药成分的水，以此感谢小萱的热心帮忙。不明就里的小萱一饮而尽，很快便失去了知觉。丈夫白某事后担心小萱会报警指认他们，竟残忍地用被子将小萱闷死了。

17岁的小萱是桦南县人民医院的实习护士。24日14时30分，小萱从医院步行前往小保利宾馆。临行前，小萱给朋友发微信说要给别人送东西。当天15时15分，小萱给朋友发了一句：“送一名孕妇阿姨，到她家了。”却未曾想，这句微信竟成了小萱对这世界的遗言。当天，小萱彻夜未归，家人和朋友四处寻找并向当地公安机关报了警。朋友们还通过微信、微博等公众平台发布寻人消息，希望能够尽快找到小萱的踪迹。26日，警方接到小萱离家多日未归的报案，调取了小萱生前最后一次出现的街道的监控，发现小萱是跟随一名孕妇走进林业大院一栋家属楼后再也没有出来过。3个小时之后，该孕妇与一名男子却拖着一个大旅行箱出楼，将旅行箱装入一辆红色轿车后开走了。警方根据这些信息，以此认定谭某和白某有着重大的犯罪嫌疑，于是进行了抓捕。谭某当时在家，见到警察很快就招认了。于是，27日，小萱的家人、朋友就接到了公安机关送达的噩耗：“小萱可能遇害了，犯罪嫌疑人之一的孕妇谭某已经被警方抓获，她已经交代了他们利用小萱的同情心将她骗至出租屋内，伙同丈夫白某先奸后杀小萱的犯罪事实。”

“她才17岁，还有一个月就是她18岁的生日，她是帮助他们，他们怎么忍心，怎么会下得去手……”听闻消息，小萱的家人、朋友悲痛欲绝。两日后，在逃的犯罪嫌疑人白某被抓捕归案，经过两个小时的审讯，白某对自己杀人的事实供认不讳，但一直不肯说出尸体藏在哪里，直到29日，白某才交代了埋尸地点——桦南县王家村附近的荒地里。

无独有偶，7月13日的晚上，在纽约布鲁克林区，有一个年仅8岁的小男孩遇害。原因也是出于善心向路过的陌生人提供帮助，结果却惨遭毒手。男孩的父母为了锻炼他的独立性，便与他约定好，在下午的夏令营活动结束之后自己背着背包去寻找他们。8日的时候，他们曾经带着儿子沿着那条路长跑，帮助儿子熟悉线路。11日的时候是他们第一次允许儿子独自沿着同一线路回家。只是这一次，他们没有再等回他们心爱的宝贝……

亲爱的姑娘，永远不要低估人性可以邪恶到的程度，这世间总是有你无法想象的惨剧，这世间也总是有你无法想象的邪恶。我承认，这世上并不是所有的陌生人都是绝对的坏人，毕竟社会上的人本身就是由许多个我们并不熟悉的陌生人组成的，所以绝大多数的人对与我们来说都是陌生人。但是，你更无法否认的是，安全事故一旦发生就是绝对的一万，没有任何重新再来一次的机会。因此，亲爱的姑娘，路上遇到任何求助的情况，如果自己没有同行的朋友帮忙，请拨打警察或者医院的电话，切勿羊入虎口，去到一个充满未知的陌生环境中。很多时候，尽管你不愿意相信，但是很多看似真实的令人无法质疑的场景，往往都是假的，总是会有很多犯罪分子为了取得你的信任煞费苦心，因为这背后的罪恶利益远超出你的想象。

亲爱的姑娘，如果没有足够多安全防护的技巧，我宁愿你不善良。因此，亲爱的姑娘，出门在外遇到陌生人求助的时候，我们可以提供帮助，但一定是要在确认自己安全的前提下。如果不能确保自身的安全，善良对于犯罪分子而言就只是可笑的软肋，所谓的“让世界充满爱，让温暖传递下去”不过是充满讽刺意味的笑话，令人心寒。

管好嘴巴，不要向陌生人透露信息

亲爱的姑娘，很多时候，“祸从口出”是永恒不变的真理。你自以为是毫不相干的陌生人，便毫无心机地真诚以待。殊不知，很多时候，犯罪分子利用的就是你这样的单纯天真。很多时候你所认为的“绝对不可能”在有心人面前都是为你制造骗局的绝佳素材。

一天，刚刚放暑假的沈姑娘搭乘地铁回家，旁边坐着一个自称是同乡的“熟人”男子，这名男子20多岁，衣着得体，看着同沈姑娘差不多大，即便说是情侣，估计也有人相信。为了打发地铁上的无聊时光，男子也恰好很有热情。沈姑娘便一路都同他有一搭没一搭地聊起天来。一路上，男子看似无意却总是恰到好处地询问了沈姑娘的一些私人信息，比如全称是什么、在哪里上学、家住哪里、家里都有谁、是否谈恋爱了等。沈姑娘只当是男子对自己有意借故搭讪，因而有问必答，两人聊得甚是开心。

沈姑娘快要下车的时候，男子说他也到站了。看沈姑娘拎着一个大行李箱，便提出主动帮她拎出地铁。就在沈姑娘以为遇到热心好人，正在暗自庆幸之际，男子却径自拎着沈姑娘的行李箱上了一辆车并强行想要将沈姑娘也拉上车。沈姑娘奋力反抗，有人停下脚步观看到底出了什么事，却听该男子直呼沈姑娘的全名，说道：“你不要生我气了，我已经知道错了，我们回家好好过日子吧。”路过的有几人都以为只是一对夫妻在路上争吵，竟没有前去帮忙解救的。沈姑娘意识到男子是“故意向别人制造两人认识的假象”，如果被他拽上车，没准就是要绑架或者拐卖。沈姑娘越想越害怕，便更大声地喊道：“救命啊，谁来帮我报警啊，我不认识他啊！”最终，有一位路过的大爷上前帮忙，将沈姑娘拉了回来。惊魂未定的沈姑娘坐在地上失声痛哭。

亲爱的姑娘，这样的事情在现代并不少见。“故意装作你的熟人”已经成为现时代人贩子拐卖女孩的一种常用手段。除此之外，借故同照顾小孩的家长装熟，光天化日之下明抢小孩也都是发生过的真实案例。因此，亲爱的姑娘，面对陌生人，请收起你的率真与良善。

在现实社会中遇到不怀好意的陌生人，我们需要加强警惕心理，避免过多交流透露自己过多的个人信息，毕竟这个世界上每天发生的“知人知面不知心”的事情都太多太多。此外，随着科技手段的发展，现在的我们想要保护好自己的隐私，不仅要管好自己吃饭的嘴巴，更要管好我们的“社交嘴巴”。例如，曾经流行的QQ空间与状态，再如现在普及的微信朋友圈或者分享自己近况的各种社交平台，而这些却恰恰是我们最容易忽略的。

最近，梁先生过得有些不顺心，原因就是丢失了一部手机。某天一觉醒来，梁先生发现家里进了小偷，家里没什么特别的贵重物品，因此，也没有多大的经济损失。但麻烦的是，梁先生一直用着的手机被偷了。手机本身并不值钱，可里面的个人信息却很值钱。

梁先生赶紧起床查询自己绑定了微信的银行卡余额，果不其然，卡内的十多万元都被转走了。梁先生果断报警，万幸的是，很快小偷就被警方抓获了。据小偷交代，梁先生的手机并没有设置密码锁，自己很轻松就打开了，并在手机里发现了一张身份证照片，其中姓名、身份证号码等信息都有。于是，小偷便利用这些信息，重置了梁先生的微信密码，并将其所绑定的4张银行卡内的共计14万元全部都转入自己的微信账户内。

梁先生自己并没有说，小偷却通过梁先生的“手机之口”查询到了梁先生相关的个人隐私信息并成功盗走了钱财。因此，亲爱的姑娘，时代在不断地进步与发展，我们也需要学会用变化的眼光来看待自身的安全问题。在平时的工作和生活中，我们都应当对来路不明的陌生人有所防范，在犹如“水中月、镜中花”的网络虚拟世界，面对很多不经意间的信息泄露，我们更应该有所防备。毕竟，生活中的信息泄露，你面对的陌生人可能只是一个人。但是网络中的信息泄露，稍有不慎，却等同于昭告天下。

亲爱的姑娘，天真与善良在面对犯罪分子伪装的陌生人的时候，不仅是无效的，更是有害的。不论在什么情况下，遇到不熟悉的陌生人借故搭讪，我们都必须提高自己的戒备心，跟任何人都不要熟得太快、说得太真。有些人，即便你什么都不说，缘分到了，该是朋友，命运总会让你们成为朋友。而有些人，即便你真情吐露，也依旧改变不了你们之间不熟的事实。

不给陌生人开门，守好安全的大门

都说“家是温暖的港湾”，无论我们在外面遭遇了什么样的委屈、挫折，家人永远是我们能够想到的第一个避难所。不论外出多久，回到家都依旧还是自己。但是，亲爱的姑娘，犯罪分子永远都比我们想象中的无孔不入，即便在家中，我们也需要做好安全防护。就像很多时候，我们没有办法去辨别每一个人渣，所以只有让自己变得更聪明，才能尽力避免到遭遇这些事情的可能。独自在家的时候，也是这样，没有家人的陪伴，我们更加需要学会不给陌生人开门，守好人生中的安全大门。

网络上流传的一则新闻视频看得人们十分愤怒：在深圳宝安区的一个出租楼里面，一名只穿着短袖的中年男子正在强拽一名女孩进自己的房内，欲行不轨。女孩奋力防抗，极力挣扎并大声呼救，但似乎有点体力不支，依旧抵抗不住，被男子拖入房内。万幸的是，正当危急关头，从外面回来的另一名女孩听到了呼救声，立刻拿出电话报警，接警后的

民警迅速赶到现场将男子抓获，最终有惊无险。该男子因涉嫌强奸未遂已被刑事拘留。看到这一段视频，不禁让我想起了发生在福建某栋楼内的惊险一幕，相似的情况，同样的骇人听闻：2017年8月7日，一名陌生男子走到一名女孩（王小姐）的门口，男子声称自己的门卡丢了，无法下楼，想请王小姐帮忙开一下门。结果，当王小姐打开房门之后，男子突然用力将王小姐往房间里推，欲行不轨。王小姐拼死抵抗，多次夺门而逃，但是都被该男子拽了回去。万幸的是，在双方僵持了90秒之后，房东老太听到声音赶上前来，喝止了该男子。于是，该男子迅速逃离了现场，惊魂未定的王小姐也在第一时间选择了报警……

以上的两则新闻都让人毛骨悚然，实在难以想象，就算在自己在这个城市中选择遮风挡雨的家门口，还会遇到心怀不轨的歹徒。毕竟，在现在这个讲求男女平等，女子越来越独立的新型社会，租房独居是大部分女孩都会经历的一个人生阶段。面对日益增高的房价，独自在节奏紧张的大城市打拼时，租房居住是大部分女孩无可奈何的一种选择。因此，亲爱的姑娘，如果你没有其他的保护神可以选择，那就请自己学会保护好自己。避免这些上门入室的犯罪分子，我们最好的防备就是不要给陌生人开门，守好自己的安全大门。有陌生人敲门的时候，一定请先从可视或者猫眼里面看清楚来人是谁，确认好周围环境是否足够安全之后再打开房门。

那么，亲爱的姑娘，如果很不幸，你遭遇了这种突然的袭击，我们应该怎么做才能最大限度地保护好自己呢？首先，我们需要保持足够的冷静，唯有冷静下来，在遇到突发情况的时候，我们才有可能尽可能快地想到救助自己脱离危险的方式方法。其次，我们需要大胆地反抗，亲爱的姑娘，歹徒永远不会因为我们的胆怯而手软，只会因为你的退缩而变得更加猖狂。遇到危险的时候，我们要勇敢机智，有人经过，有机会解救我们的时候更要大声呼喊，必要时，可以呼喊“着火啦”这类引起大众警觉的求助词语。并且，我们要学会利用身边一切尽可能利用的工具进行正当防卫。如果你被掐住脖子或者被拖住的时候，不要去掰对方的手掌，而是选择对方的一个小拇指，并用最大力气掰断它；如果你不幸已经被歹人扑倒并被压在歹人身下，那么，用尽全身力气去踹他的裆部；如果对方试图用双手掰开你的双腿的时候，迅速用手攻击他的眼睛；如果对方带有匕首等工具，那么切记不要和他发生过激冲突，寻找机会夺下他的工具后再进行反击。亲爱的姑娘，生命安全是一切的前提和基础，我们需要学会在保证自身安全的前提下进行有效的自救。最后，最为重要的是，亲爱的姑娘，如果你不幸遇袭，那么一定要在第一时间选择报警。如果不幸被侵犯，一定不要觉得羞耻，立刻回去洗澡，在洗澡的同时寻求医生的帮助，保留下必要的证据，协助警察尽快抓到侵犯你的歹徒，让他受到应有的惩罚。亲爱的姑娘，你要知道，对歹徒突袭行为的容忍等同于默认和纵容，等于放任他再去伤害其他的人，而你在选择沉默的同时也会给自己带来无法释怀的痛苦。很多时候，你选择当下反击，有可能出于遇到糟心事的反应，你会后悔一阵子。但是如果你没有选择反击，而是选择沉默，那么你必定会后悔一辈子。

来路不明的东西，拒绝吃喝

亲爱的姑娘，所谓知人知面不知心。即便是再相熟的好友，你也无法得知他内心的真实想法，更不用说你身边那些不相熟的人，很有可能

你永远都不知道你身边的人会怀着什么样的居心。

看到这样一则新闻：在上海某个广场的一个日料店内，一段监控被人曝光，里面发生的事件让人看得不寒而栗。画面中是上海男子顾某和一名女孩正在里面一起吃饭，看上去就像是一对普通的情侣。但是让人没有想到的是，趁着女孩低下头去玩游戏的间隙，顾某竟然偷偷在女孩喝的饮料里面下药。对面的女孩还浑然不觉，在打玩游戏以后，将杯里的饮料一饮而尽。结果没过多久，女孩就出现了眩晕的症状，坐都无法坐稳，倒在了座位上。之后，顾某便将神志不清、已经连走路都无法走稳的女孩带到酒店的房间内实施了性侵！上海市宝山区人民检察院以涉嫌强奸罪对顾某依法进行了批准逮捕。而据顾某交代，两人并非是情侣关系，是在一年之前在地铁上搭讪认识的。其间两人多有来往，为了能有进一步的发展，顾某就想出了这样下流的手段。无独有偶，在朋友圈内流行的一段动图，上面展示的就是国外一个女孩在参加户外音乐派对时，手机不经意间拍到的被身后男人下药的过程。手段之自然迅速，简直让人防不胜防。

邻居曾经跟我分享了一个她自己的亲身经历：她刚刚到上海的时候被同事喊着一起出去吃饭。那时的她刚刚入职新公司，为了和同事之间搞好关系，她便爽快地答应了赴约。等到约会的当天，她发现一共有8个人一起吃饭。其中，她和同事在内有4个人是女生，其他4个人是男生。而她只认识她的同事，同事也没有提前告知她是他们的什么朋友，只是告知她有朋友聚会，邀请她一起去吃饭。当天请客的就是那4个陌生男人。开始的氛围很是融洽，大家都在互相寒暄聊天，她也没觉得有什么不对劲，只当是同事的好朋友。结果却是吃着饭就不知道后面是怎么回事了。第二天的时候发现自己醒在一个陌生的酒店房间里，全身是伤也

不知道被怎么了。她的内心十分害怕也没有敢报警，后来悄悄咨询她的同事，结果发现她们也都一样各自身上有着不同程度的受伤，更有一个姑娘醒来发现自己是在一座桥上。邻居生气地质问她的同事怎么会有这么不靠谱的朋友，搞不清楚情况就带她一同前去。同事后来才说原来那些人都只是她们的网友，实际上都并不相熟。可是最终四个姑娘竟没有一个选择报警的。

因为那次的经历，邻居的膝盖粉碎性骨折，直到现在都不能磕碰。好几年的时间过去了，这事在她的心里却成了永远都过不去的坎儿。从那以后，她再也不跟任何人出去一起吃饭，再也不喝任何人打开的饮料，就算是认识的朋友打开的也不喝。邻居说，她怕是要留下一生的恐惧和阴影了。

亲爱的姑娘，面对陌生人的不怀好意，我们大多都能保持警惕。而生活中最容易让我们忽略的更加应该值得我们注意避免造成悲剧的就是这些半熟不熟的朋友的朋友。很多时候，我们可能都会出于这样或那样的原因而被迫出去社交应酬。但是，亲爱的姑娘，无论是出于什么目的，生命安全总是排在第一位的。任何情况下，我们都要学会保护自己的人身安全。或许你认为自己会足够幸运，幸运到这世间的每一个不幸都不会发生在你的身上，但是，亲爱的姑娘，很多事情等到发生的时候就已经晚了，只有提前做好防备，我们才能真正做到防患于未然。

所以，亲爱的姑娘，来路不明的东西请你一定要拒绝吃喝。就好比故事中的姑娘们， 或是出于同事之间的面子维护，或是出于朋友之间的信任尊重，结果却是惨遭意外，以悲剧结尾。亲爱的姑娘，很多时候你考虑的是可能会否伤害到别人的面子，恶人考虑的却是怎么才能达到他的下流目的。因此，不要吃任何不相熟的人给的饮料等食品。在外出就餐的时候，也要确保自己的食物和饮料始终处于自己的视线范围内，不要给有心之人留下可乘之机。如果你很不幸地遭遇到了意外，感受到自己已经摄入了麻醉药物，这时，一定要采取急救措施，可以通过大量喝水或催吐的方式使自己的麻醉症状得到缓解，并立刻想尽办法通知自己的家人或者可信赖的朋友。如果周围没有相熟之人，也一定要想尽办法向周围的公职人员寻求帮助，向更多的公众发出求救的信号。

不要上陌生人的车

在很久很久以前，有一个叫小红帽的女孩。她有一个很疼爱她的外婆。有一天，妈妈做好了蛋糕和红酒让小红帽拿给外婆一起分享。妈妈叮嘱小红帽："外婆生病了，身体很虚弱，吃了这些东西就会好一点，你趁着天黑之前赶快给外婆送过去，不要跑也不要离开大路，更不要在路上逗留，送完了就立刻回家，知道吗？"看到这里，你以为这是我们小时候听说过的那个童话故事"小红帽"吗？不，亲爱的姑娘，我要告诉你的是这个故事的升级版。

众所周知，小红帽在路上遇到了大灰狼，大灰狼哀嚎一声假装晕倒在小红帽的面前，善良的小红帽赶忙跑上前去询问大灰狼："大灰狼你怎么了？""我已经连续饿了三天了，你看我眼睛都已经饿绿了，善良的孩子，你可以给我一点吃的吗？"大灰狼紧紧握住小红帽的手，虚弱地说道。"我这里有带给外婆的面包和红酒，你吃吧。"善良的小红帽从篮子里拿出了吃的递给大灰狼。"不行呀，这是你妈妈让你带给外婆的，我不能吃，我实在是没有力气走路了，你能不能去那边的树林里采

一点蘑菇给我吃呀？”大灰狼泪眼婆娑地看着小红帽。“可是，我妈妈不让我离开大路……”小红帽犹豫道。“善良的姑娘，求求你救救我吧，我就要饿死了。”大灰狼抽泣着趴在小红帽的肩上。“好吧，你在这里等我一下，我马上就回来。”然后，理所当然的，小红帽被大灰狼吃掉了。

其实，只要仔细观察，小红帽就能发现这其中的几个疑点：第一，大灰狼的眼睛本来就是绿的，不存在饿了才会变绿的可能；第二，狼是不吃素的，如果大灰狼可以吃蘑菇，为什么它不能吃旁边的青草呢？第三，既然已经饿到没有力气走路快要失去生命了必定是饥不择食的，大灰狼还有心情挑食，说明还没饿到那个程度。那么，面对如此明显的漏洞，小红帽却为此付出了生命的代价。亲爱的姑娘，你觉得是小红帽蠢吗？没错，但更多的时候，我们会认为这是善良。

亲爱的姑娘，生活中的很多骗局其实也是这样，你用你善良、纯真的本心去对待你在路上遇到的每一个“求助”，你希望你可以尽自己的微薄力量帮助到每一个需要帮助的人。亲爱的，这是没有错的，但是你要记住，这个社会中就是存在一些个别的败类，他们偏偏利用你的这份善良，想要你的性命。毕竟，在“大灰狼”的眼里，你只是一块肉而已。

有一则这样的新闻，引起了社会的广泛关注：2018年2月13日，山西大同浑源男子以汽车刹车有问题为由，将17岁女孩骗至车内帮忙，将其强奸杀害，然后将尸体肢解并焚烧。2月22日，山西省大同市浑源县公安局官网发布通报称，案件已经告破了，嫌犯杨某已经被刑事拘留，受到了应有的惩罚。但是，再多的惩罚也换不回来17岁女孩的生命了。新闻中的杨某在驱车回家的路上，看到17岁的张某独自走在路上便心生歹意，于是就利用刹车有问题为借口将张某骗到车里帮忙。随后，杨某在车里用胶带将张某绑住实施了强暴，之后为了毁灭证据，不仅残忍地

将她杀害，还将她的尸体肢解焚烧了。傻姑娘，汽车刹车有问题，正常人的第一反应必定是找专业人士寻求帮助或者报警，你能帮上什么忙？除非你正好是汽修专业毕业，而即便你能帮忙，也要多留一个心眼，不要让自己在一个充满危险的封闭空间里面独自面对比你强大的异性。

亲爱的姑娘，很小的时候，我们的父母就告诉我们不要轻易相信陌生人，不要跟陌生人说话，不要吃陌生人给的东西，现在，我们的社会告诉我们更不要轻易上陌生人的车。年幼时我们能够轻松识破父母伪装成陌生人用各种诱惑来试探我们，那时年幼懵懂的我们都没有上当，为什么越长大却越容易受骗了呢？亲爱的姑娘，在你觉得自己已经长大的时候，其实还没有真正成熟。很多的突发情况，世界的丑恶嘴脸你还没有经历完全。所以，千万不要认为自己已经足够长大就盲目地利用自己的善心去帮助别人。请你记住，真正需要帮助的人只会去寻找他认为真的能够给他提供帮助的人，绝不会胡乱寻求一个小姑娘的帮助。如果有看似比你强大很多的人向你寻求帮助，请果断拒绝，告诉他去找警察，找专业人士。很多事情真的并没有你想象中的那么单纯。

亲爱的姑娘，当你还能有机会看到这篇文章并心怀想法的时候，那些不幸遇难的姑娘连说出来警示后人的机会都没有了。因此，亲爱的姑娘，请你学会保护好自己，时刻保持安全警惕。这个世界并不是一片漆黑，的确存在一些美好。但是也请你记住，光芒与阴影总是并存的，当你看到无限光芒的时候，不要忘记这光芒的背后有可能是你想象不到的阴影。

警惕陌生人的搭讪，不轻信陌生人

听身边的朋友讲过这样一个故事：

大学的时候，有一天晚上，他和女友因为某件事情正在冷战。于是，两人就像陌生人一样走在路上，间隔有五六米的样子。突然间有一个同龄的姑娘出现在他女友的身边，抓着她的胳膊神色紧张地求救，说后面有两个人正一直跟着她。女友向后看了一眼，果真有两个中年男子骑着自行车在后面慢悠悠地跟着。女友明显被吓到了，全然不顾刚刚还在冷战，立刻靠过去抓着他的胳膊问怎么办。朋友其实也不知道要怎么办，但还是故作镇定地安慰她们："没事，前面就是学校的保安亭，我们一起往那边走，保安一定能够保护我们。"但这时那个求助的女孩却声泪俱下地说："我不是这个学校的学生，不能去学校保安亭，后面那两个人有我的把柄，我想摆脱他们跑掉，求求你们救救我。"这时，朋友内心已经镇定了不少，就问她："你要我们怎么帮助你呢？"女孩说出了一个地名，请他们将她带到那里去。殊不知，朋友刚刚组织过学校的一项活动，对那个地方很是熟悉，那边是一个不太繁华甚至可以说得上偏僻的地方，为什么这个女孩非要到那边去？到了偏僻的地方不是更没有人可以保护她吗？朋友越想越不对劲，甚至想到这个女孩会不会跟那两个男人是一伙的。

这时，女友用近乎恳求的语气对他说："你看她这么可怜，我们帮帮她吧。"女友的话却一下子惊醒了朋友，一开始这个女孩直接找的是他的女友，所以女友才是他们的"猎物"，他们是想要利用女友的同情心把她忽悠到一个偏僻的地方再下手。虽然朋友无法确定这件事情的真实性，但是还是决定首先确保自己的安全性。于是朋友拿出手机直接拨打了110报警，女孩看到朋友拿出手机报警却说前面有一个她的朋友在等她，借口跑了。第二个星期，学校的公告栏里出现了一张寻人启事，说的是一个女生突然失踪的事情。

亲爱的姑娘，请你记住：首先，成年男子不会向比他弱小的女人寻求帮助；健壮的青年不会向体弱的老人寻求帮助；年纪大的成年人不会去找一个小孩子帮忙。如果对方真的想要寻求帮助，那么他肯定会去寻找一个对他来说更有安全感或比他强的人。如果你身边明明有青壮年的男性，而他们却偏偏要向你求助的时候，这里面一定是有问题的。其次，真正需要帮助的人一定不会挑三拣四。如果对方连钱都不要，而执意要去吃饭或者去某个地点，那一定也是有问题的。

亲爱的姑娘，请你记住：永远不要轻易地相信一个陌生人。请你永远相信陌生人一定是这个世界上最危险的存在之一，并且他们不以年龄和性别作为区分的标准。亲爱的姑娘，当你仔细观察新闻中很多危险事故的时候，你会发现很多犯罪分子往往就是利用你的侥幸心理来达到最终的目的。面对小孩、少女以及一些看似体弱的老人，很多人都会下意识地觉得他们并不具备杀伤力和危险性，因而疏于防备。但是亲爱的姑娘，不要忘记还有犯罪团伙存在的这样一个残忍事实，事实往往证明这种通过博取女孩对弱者同情心进而行骗的手段都是屡试不爽的。再者，亲爱的姑娘，你自己就是属于弱势群体，当你自己本身就很需要别人保护的时候，你觉得别人为什么还会特意来寻求你的帮助呢？除了对你有所图谋，没有其他的过多解释。就像我们曾经都听过的这种类似新闻：有人看到河里有人溺水便不假思索地跳下去救人，结果不仅人没救上来，自己也失去了生命。亲爱的姑娘，帮助别人没有错，但是我们需要学会量力而为，在成全别人的同时，我们首先要保全好自己。当你手无寸铁的时候就应该多点防备之心，当你身单力薄的时候就应该告诉自己要注意防范。这些都是现代女性生存的基本法则，请一定要牢记在心。

亲爱的姑娘，我们从小就被教育要善良，做一个善良的农夫，但是长大了，即便没有别人的警示，我们也要知道保护在怀里的蛇本身是有多么凶狠。真正需要帮助的人是绝对不会在大街上死拽着你不放的，你可以很善良，但是请一定要分清楚善良的对象，守住自己的原则。请你记住：善良是建立在能够保全自我的基础之上的，当你善良过了头，只能是一种“缺心眼”的表现。

亲爱的姑娘，如果你感觉到自己正在一步步地迈入危险，就不要顾及任何的善心与所谓的情面，请选择当机立断地离开。否则你就会是羊入虎口，被骗色骗财相较而言都还是很轻的损失，失去生命才是最可怕的恶果。亲爱的姑娘，我们是要成为一个善良的人，但是善良过了头就会成了愚善，只会沦为犯罪分子的笑柄。所以，请你不要愚善，就像王小波曾经说过的：“我当然希望变得更善良，但是这种善良应该是我变得更聪明更有能力而造成的，而不是相反。”

第9章

走好青春每一步，成长路上不迷失

青春期是我们每一个女孩都会经历的一个美好阶段，也是人生由年幼向成熟转变的一个最为关键的过渡阶段。青春期的我们由于女性特有的生理特征，有可能会遇到很多这样那样的安全问题，这时，我们必须学会如何从自我出发，从正确对待异性的角度出发，培养出正确的、符合历史发展轨迹的世界观与价值观。只有这样，我们才能避免走错人生中的很多弯路，为我们的美好人生埋下健康的种子。

爱，要在恰好的时候去表达

亲爱的姑娘，过了很久以后，你会发现：爱情只是生活的一小部分，但生活却是组成爱情的一大部分。对于“这世界上有没有真爱”这个话题或许会有很多人根据自身不同经历从而得出不同答案，但是对于“爱情是否有热恋期”这个议题，大家肯定的答复会高达90%。的确，爱情不可能是我们人生的全部。既是如此，亲爱的姑娘，我们何必要急着将自己的大好时光都花费在爱情上面呢？爱情的确可以使人容光焕发，但是却没有人可以一辈子都只依靠爱情就实现全部人生的光彩夺目。爱情可以是我们人生的调味剂，但却不应该是我们人生的防腐剂。

“14岁00后少女未婚生子，晒娃成网红”“15岁早恋生下儿子”“全网最小的二胎妈妈”，诸如此类的新闻简直层出不穷，让人不禁一阵唏嘘。十四五岁的年纪还处在青春期，本应该正坐在教室里面读书写字，享受大好学生时代；本应该在操场与同学一起奔跑打闹，肆意挥洒青春气息；本应该在家里依偎在妈妈的怀中，为了某样心仪的物品跟妈妈撒娇索要……而她们却早已步入家庭，成了年轻的未成年妈妈。在对自己还没有负责能力的时候，身边却多了一个需要她负责一辈子的婴儿。在这个成年人越来越不敢随意生孩子的时代，却有一群未成年人

在扎堆生孩子。将她们本应该用来认识世界、博览群书、努力奋进的大好青春却用来谈恋爱、生孩子，并且还为之自豪。亲爱的姑娘，这实在不应该是我们应该宣扬并推崇的，虽说这个时代支持个人选择，每个人都有权利掌握自己的人生，但是，亲爱的姑娘，这世上并没有后悔药，人生也绝无可能重新再来。因此，在你还不具备对自己的人生做出足够成熟的判断就想要一意孤行的时候，我愿意尽我所能为你给出我所认为最为正面的引导与参考意见，即便这有可能让你不开心一阵子，却总好过让你不开心一辈子。

我还在上大学的时候，表舅家的女儿文丽就已经结婚了。那一年，文丽刚刚高二，还没到国家法定结婚年龄，自然也无法领取结婚证，便只在老家举办了一场简单的婚礼。

听到文丽结婚的消息，我的内心十分震惊，按照文丽的年纪不应该正在努力备战高考吗？怎么就结婚了呢？后来听我妈谈起，才知道文丽高中时不知道从什么渠道认识了一个校外的男生，那男生比文丽大5岁，经常给她送小礼物，去校门口接送她，还声称让文丽早点嫁给她，以后每天带她出去游玩。少不更事、初尝爱情滋味的文丽被感动到誓死要嫁给他，为此不惜放弃自己的学业。早恋的事情被舅妈知道之后，舅妈将她关在家里，想要强硬切断她与那个男子的关系，谁知道文丽竟像着了魔一般疯狂抵抗，情绪激动的时候甚至以死相逼，连续许多天竟水米不进。可怜天下父母心，看着日渐消瘦的女儿，强势的舅妈最终选择了妥协。结婚当天，舅妈只对文丽说了一句话：“你自己选择的路，祝福你以后不会有后悔的那一天。”

最近一次见到文丽是去年过年回老家的时候，文丽手里领着一个十来岁的小女孩，怀里还抱着一个约莫两岁的小男孩。穿着邋遢，头发随

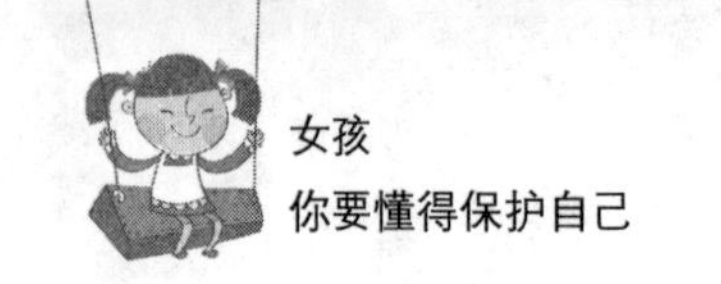

意地挽起，眼睛里没有一丝光彩，脸上的风霜让人难以相信此刻的她才28岁。我和她简单聊了两句，互相问候了一下近况，她说她老公在外面打工，她一个人在家带着两个孩子。曾经的她以为爱情就是自己生命的全部，有了小孩以后她才知道，没有物质的爱情对于她来说早已成了奢侈品。她说她最后悔的就是没有听从她妈妈的话，如果能再重新活一次的话，她希望能有机会好好读书。

听到她的话，我有点替她惋惜，只得安慰她，现在想要读书还是可以的。可以重新上成人学校，再不济也可以通过网络自己在家里学。我看到文丽的眼睛里面闪现出一丝亮光，但仅仅就是那么一瞬，似乎想到了什么，立刻又黯淡了下去。是啊，有了家庭的牵挂，哪里会有那么自由呢。

28岁的年纪早已过了幼稚的时间却也还没有成熟过头，本该正当成熟睿智地开始规划自己的人生，但文丽早已失去了规划的资本，不是因为已经成了两个孩子的母亲，而是因为早已失去的求知的机会。人生最应该拼搏奋斗的10年时间，她却被所谓的爱情绑在原地，到头来，其实什么都没有得到。

亲爱的姑娘，作为一个女孩最应该后怕的从来不是遇不上一个自己的爱人，而是这辈子自己都没有选择权，没有自己选择想要过的生活的权利。爱情对于任何人来说，的确是美好的，但是亲爱的姑娘，爱情并不是生活的全部，在漫长的人生里，一定有很多比爱情更加重要的东西值得你去追求，一旦你把爱情当成你生命的全部，你就会发现你的世界正变得越来越小。而一个人首先要能够爱自己，才有能力爱别人。亲爱的姑娘，在你还没有看过这个世界的时候，千万别说你根本就不想要远方。看过世界，有独立价值观，不需要依附别人的时候，你才更有资本去选择你的后半生应该怎么样度过。所以，亲爱的姑娘，在本该读书拼搏的大好年华，不要将爱轻易说出口，多为自己争取一点时间，争取一点机会。只有除了爱情什么都不缺的人，才有底气等待最好的爱情。

正确拒绝异性的示好

偶然间看到了这样一则新闻：杭州的一个丈夫，新婚不久便瞒着妻子悄悄帮前女友搬了家，而妻子在发现事情之后很不客气地将丈夫赶出了家门。丈夫很不服气，两个人在互相推搡的过程中，丈夫不小心撞倒了妻子，妻子便一怒之下报了警。丈夫透露说，自己对前女友早已没有了感情，她打电话过来寻求帮助，自己只是不知道怎么拒绝。再者，他自己也觉得只是帮忙搬个家，也没什么大不了的。但妻子却认为这事没有那么简单，两人便越闹越凶，事情便越闹越大。

亲爱的姑娘，如果你是新闻中的妻子，你会怎么认为呢？在回答这个问题之前，我们首先要弄清楚一个准则：男女之间有无纯洁的友谊关系，假设你赞同男女之间有纯洁友谊的前提之下，面对异性的要求，我们又该如何正确拒绝且不会伤害你们之间的友谊呢？

那么，男女之间交往有没有纯洁的友谊存在呢？这是一个很多人都思考过的问题。不同的人也会有不同的回答。如果你这样问，那么有人会斩钉截铁地回答：有！也有人会信誓旦旦地回答：没有！答案其实并没有对错，只是根据个人经历的不同有所区别。一般而言，回答“有”的多半是女生，而回答“没有”的大部分都是男生。这样的现象并没有规律可循，但却如同常识一般存在。那么男女之间到底有没有纯洁的友

谊呢？个人认为这是一个伪命题。即便是有，私以为，那份友情也必定是痛苦与欢乐并存。因为友谊中的双方，也可能是其中的一方，必定是在努力地克制着，不让自己突破界限。就像是上面新闻中的夫妻当事人，丈夫认为自己只是过去帮一个普通朋友的忙，并没有在意对方是否是自己的前女友，而妻子必定不会这么认同。

私以为，新闻中的夫妻俩最终爆发矛盾，既因为丈夫没有给予妻子合理的尊重，也在于丈夫不会正确拒绝异性的要求。丈夫想要保持同前女友的良好友谊，却又不知道该怎么拒绝她的要求，因此才会故意隐瞒妻子前去帮忙。而这种种，其实追根究底，都可以归结为丈夫“烂好人”的性格缺陷。而这，亲爱的姑娘，也正是我想告诉你的：我们可以做好人，但是请不要当“烂好人”，很多时候，你认为直接拒绝异性的要求会很残忍，不忍心当面拒绝，因而委婉表达。但其实，你不知道的是，你的委婉表达带给异性的伤害却是想象不到的。你的委婉表达并不是善良，而是拖泥带水。

有一位朋友最近惨遭被分手，而被分手的原因就是“你对别人太好了”。经过了解我们才知道，原来他在与女友交往期间不是牺牲自己的约会时间去帮别人照顾宠物，就是大半夜抛下自己的女友去陪失恋的朋友喝酒，再不然就是在自己的朋友圈里帮女性朋友发内衣广告。而对于他这个“烂好人”的毛病，女友已经跟他沟通过很多次，但他却一直觉得乐于助人是没有错的。

直到借钱的事情爆发，姑娘最终忍无可忍，选择了与他分手。两人分手的前两夜，姑娘才得知他借给了一个平时关系根本就不是很熟的一个同学10万块钱。这是两人共同存下准备买房子的钱，他却未经过自己的同意，擅自将钱全部都借给了同学。且不说10万块钱对任何人来说都不是一笔小数目，更何况其实他们和对方也并不是很熟。姑娘让他赶紧去把钱给要回来，他却说："才借给他没多久，也没说让他什么时候还，现在去要不太好吧。"就这样，姑娘选择了愤怒分手。朋友哭丧着脸问："我这不是在做好事吗？为什么她不能理解我呢？"而我只想告诉他：很多时候你不懂得拒绝，不懂得该如何使用你的善良。那就请你做好伤害你最亲近人的准备。

亲爱的姑娘，善良是一个很好的品质。但是，太过善良，不懂得拒绝，就会被利用，在不知不觉中伤害到你最亲近的人。面对异性的示好也是一样，一次两次的示好你可以装作没有听懂而委婉拒绝。三次四次无数次的示好，你最终还是要独自面对。时间并不会将异性的热情逐渐熄灭，很多时候，对于某些人来说，越是难以攀登的高峰，越是值得努力奋斗。因此，亲爱的姑娘，面对异性的示好，如果喜欢就接受，趁早一起开心享受，何必好事多磨，耽误各自的青春年华；如果不喜欢，请果断明确拒绝，你们还是能够成为好朋友。就像柏拉图曾经说过的：若爱，请深爱，如弃，请彻底，不要暧昧，伤人伤己。

身体需要安全的距离

五一的时候，天气突然升温，外出的每个人都热得不行。大街小巷立刻出现了穿半袖、短裙的姑娘。在一群朋友的微信群里聊天的时候无意间透露了这一个信息，总是会有异性朋友在群里急赤白脸地、半开玩笑似的索要姑娘大长腿的照片，就跟踩了电门一样兴奋个不停，似乎只有这样的举动才能够将群内的聊天氛围推至高潮。将这种疑问抛给身边

的同行朋友，立刻就有人搭腔道：“这不是很正常的事情吗？”或许朋友之间的半开玩笑，占点口头上的便宜倒也无可厚非，但是，当整个社会默认这种行为并将之认定为“非常正常”的时候，这一切究竟还正常吗？

去上海跟朋友在一家咖啡馆小聚，正在吧台旁坐着等咖啡的时候，突然感觉后背被人摸了下。回头看到一个男人站在我身后，见我瞪着他，他便漫不经心地说了句日语，似乎是在道歉。当天咖啡馆的人并不多，并不存在拥挤道路并不好走的情况。并且，也不像是自然发生的无意剐蹭。那么，在这样的情况下，只有一个合理解释——被骚扰了，还是没法抓住证据的那一种。正当愠怒之际，朋友立刻拉住我往她那边坐了坐，小声跟我说：“离他们远点，上海这边有很多日本人，好多都是痴汉的。”“那你平时上班坐地铁的时候有遇到过吗？”我赶忙将椅子挪过去，小声地问朋友。“哦哟，那不要太多哦，我每天上班都坐2号线的，每天上下班高峰的时候，能挤上地铁就很不错了。这天气热了都不大敢穿短裤的，要不一早上腿怕是要被摸黑掉的啦。”朋友手舞足蹈地说着，引来旁边不少人的侧目。

“那你干吗不反抗，不可能都是日本人吧？就算是日本人，也不能这么肆无忌惮吧？”

“那肯定不都是日本人的呀，但是早上地铁上那么多人，那么挤。这种事情又没有什么证据，你也不好随便说是谁摸的呀。”

“那你也总能知道大概是谁吧，如果那人特别故意的话。”

“知道是知道，但是你说了，那么多人看。我作为一个女孩子总归是要点面子的，而且，没有证据，你说了也没什么用的。搞不好，还会惹麻烦，多一事不如少一事就算啦。”

亲爱的姑娘，你是否也是一样，有着这种“鸵鸟心态”？也总认为反抗无效？依稀还记得年幼的时候，有一次跟着妈妈坐公交车去游泳班。那天，天气很热，妈妈给我穿了一件到大腿的连衣裙。快要下车的时候，车上人很多，大家都在后门排队，门开了刚要迈开腿要走的时候，就感觉屁股被人狠狠地摸了一把，甚至已经到了敏感部位。当时年幼的我不知作何反应，瞬间大脑一片空白，下意识地转过身去，就看到一个约莫60岁的老头冲着我笑。我呆呆地看着他不知道该作何反应，听到妈妈的叫声才回过神来朝妈妈跑去，但是下意识的我并没有将刚刚发生的事情告诉妈妈。不可否认的是，这件事情其实给我留下了很大的阴影，之后的好几天我都在后悔当时为什么不告诉妈妈，不冲上去狠狠地揍一顿那个人。

亲爱的姑娘，容忍不发声其实就等于默认，而默认不仅代表着软弱无能，而且代表着纵容与畏惧，只会让诸如此类的投机耍滑之人更加猖狂。亲爱的姑娘，很多时候，你自以为的多一事不如少一事不过是放任他再去伤害其他的女性，不仅会给你自己带来无法释怀的伤痛，更是为整个社会种下了危险的种子。有些时候，只有奋起反抗，才是解决问题的最好方式。

在南京地铁上，一位姑娘被咸猪手摸了屁股，姑娘当即反手抓住猥琐男，拉着他下了地铁，一直拉到了公安局。猥琐男一边捂着脸一边说对不起，这时，姑娘大喊一声：“你当我是没有感觉的啊，社会就是要抓你这种人！”路上，猥琐男试图逃走，路过的几名男士听到姑娘的呼喊声，赶忙上前按住猥琐男，合力将他压到了公安局。经过警察询问，猥琐男姓杨，年仅21岁却是个惯犯了。他交代就是冲着大多数姑娘被占了便宜也不敢声张的情况，经常在地铁里人多的时候趁机揩油，寻求刺

激。最终，该杨姓男子被处以5天的行政拘留。

曾经有人对北京地区1000名女性做过有关遭到公共场合性骚扰，你会怎么办的调查，其中，大多数人的反应是“瞪他（28.9%）”“默默离开（17%）”，而勇敢选择报警的只有2%，难以想象却是不争的事实。亲爱的姑娘，对于很多装聋作哑的无耻之徒来说，你光瞪眼对于他们是没有意义的，没准他们还会以为你是在跟他们眉目传情。只有勇敢地拿起法律武器才能明确地警示他：与我保持距离！

初吻，你要献给谁

都说，爱情是无价的。但后来渐渐发现，爱情中包含的东西却不一定都是无价的。有个很有争议的新闻：一个18岁的罗马尼亚女孩在网上公开售卖自己的初夜，最终以230万欧元（约合人民币1700万元）的价格被一个香港富商成功拍走。当然，姑娘并不是一个普通的平凡姑娘，而是一名职业模特，有着漂亮的脸蛋和完美的身材。这位姑娘实际上并不是第一个这样做的，但是姑娘在事后接受采访的一番话却令人深思。采访中姑娘表示自己的父亲是一名防暴警察，母亲是一名药剂师，家境并不是很富裕。她认为自己与其将初夜给最终会分手的男朋友，不如拿来换一笔钱，这样不仅可以出国留学，毕业之后还可以选择自主创业。对于姑娘的观点，很多人都提出了质疑，但是姑娘却表示：我是独立自主的个体，我有我自己独立的人格和自己的思想，对于属于我身体的一切我都有自己的支配权。也就是说，身体是姑娘自己的，因此如何处理第一次是自己的权利，选择拍与否，都是自己拥有自由灵魂的体现。亲爱

的姑娘，你认为呢？

私以为，世界之所以丰富多彩就在于对于同一件事情，因为个人不同的人生经历而产生的不同认知。各色各样的思想观念互相激荡，最终迸发出不同的火花，世界才因此而迷人多姿。因此，对于任何人的不同观点，即便不同意，我们也应该怀抱开放的宽容态度，表示出足够的尊重与理解。但是，亲爱的姑娘，你有没有想过，能够用金钱和物质来交换衡量的还能够称为自由吗？私以为，真正的自由应该是建立在道德标准上的有限制的自由。

而更有意思的一项调研显示：很多贩卖初夜的姑娘年纪不过十六七岁，她们在还没有经历过爱情是什么的时候，就对初恋彻底失望了。所以本着与其伤心又伤身，不如将初夜卖掉，物有所值的观点，心安理得地享受着拍卖所带来的物质收获。私以为，这不过是自欺欺人而已。十六七岁的年纪，本身自我的价值观还没有真正形成，况且，在还没有经历过真正的爱情的时候，又有什么依据来对爱情做出定义呢？不过是人云亦云附加懵懂少女对于物质生活的渴求而已。亲爱的姑娘，当一个人将自己明码标价到处兜售贩卖的时候，你与物品其实也相差不远了。也许会有人从另外的角度来解释这些姑娘做出类似行为的目的：“她们或许太穷了”“她们遇到了一些困难”等，但是事实却并非如此。她们只是用另一种方式摒弃了自己的道德和底线，开始权衡利弊，让自己实现所谓的利益最大化而已。你认真思考，其实所谓的苦衷，也不过是自欺欺人的借口而已，不是吗？

亲爱的姑娘，每天认真工作，拿着并不算多的工资，一点点地攒钱，依靠自己慢慢满足自己越来越多的人生需求。这样的事情听来的确有点辛苦，相较于买卖一晚上就可以赚上十几年甚至几十年或者更多的

钱，的确差距很大、诱惑很多。但是，亲爱的姑娘，初吻、初夜只有一次，人生却很漫长。人生从来都不是一百米短跑，而是不知终点的马拉松。有人看似遥遥领先，却不知相较于她的终点，才行进了不过短短数米。

亲爱的姑娘，世上最让人感觉到的无能为力并不是别人对你的定义与左右，而是我们自己。很多姑娘在过了一定的年龄段之后，都开始担心自己的归宿问题。于是急着去相亲，而相亲的评分占比绝大部分就是对方的物质财富是否雄厚。婚后，找到条件较好的所谓归宿的姑娘又开始因为担心丈夫是否会抛弃自己而诚惶诚恐，于是，想尽办法去繁衍后代。就好比将自己当成一件货品，在货架上的时候担心卖不出去，卖出去的时候担心买家钱不够，而卖出去之后又开始担心用旧了被抛弃。亲爱的姑娘，当你将自己的人生价值交给别人去评价的时候，你就已经失去了你的自我价值，成为依附于他人的存在才能够的存在。尽管你不愿意承认，但往往，事实就是如此。

亲爱的姑娘，相较于费力，大家都乐得轻松；相较于烦琐，大家都更喜欢便捷；相较于勤奋学习，大家必定更喜欢懒散的什么都不做。这并没有错，只是你我皆有的人性。也有人说，努力并不见得有成效，计划也不如变化快。这些没有错，但只有你朝着这个方向奔过去了，你才有资格说出这句话，不是吗？很多时候，现在走得累一点，只是为了以后的路稍微平整一点而已。所以，亲爱的姑娘，问问自己：在物欲被满足的短暂快感消失之后，你的人生还能剩下什么？想清楚之后，你再决定：初吻，你要献给谁。

不要因为追星而失去自我

几米曾经说过这么一段经典语录：摘不到的星星，总是最闪亮的；溜掉的小鱼，总是最美丽的；错过的电影，总是最好看的；失去的情人，总是最懂我的；而我始终不明白，这究竟是什么道理。没错，你发现了吗？亲爱的姑娘，这个世界上能够吸引我们的东西有太多太多，就像好看的衣服、鞋子、包包总是层出不穷，耗尽家财买也买不尽。同理，其他物件其实也是一样，能够吸引我们的人与事总是数也数不清。但是，亲爱的姑娘，你一定也发现了这样一个事实：很多事情、很多人，在很多时候并不都是只要我们想要拥有就可以。我们所喜欢的，我们所向往的，通常都是在我们的世界里面最耀眼、最闪亮的，但是，亲爱的姑娘，想要的就一定要拥有吗？不一定吧，其实很多时候，你终于历经千辛万苦最终追求到手的东西，结果最后发现，你的家里根本放不下他，而你的心里也最终放不下他了。其实，就好比天空中美丽的星星，你很喜欢，想要摘下它，但怎么努力都是徒然，这时，告诉自己：摘不到的星星，就让它在天空中闪烁吧，这样，不仅你能看到最美的整片星空，别人也能一起分享你的快乐，不是吗？

亲爱的姑娘，我们都有曾经非常喜欢的明星，也曾经为了他的出现而激动得手无足措，幻想着终有一日如果能够跟他比肩该是多么的美好与幸福。但是，亲爱的姑娘，喜欢并不一定就代表着深爱，且不说明星的许多光环都有你个人因为幻想而增添的泡沫成分，更有经济团队为其努力塑造的人设包装嫌疑。不然最近几年怎么总是会有那么多有关明星的丑闻曝出，继而人设崩塌最终被痛骂、雪藏，最终消失在大众视野中的诸多事件呢。然而，更重要的是，假使你对你的偶像明星是日久生

情地逐渐改观，是由衷地欣赏，是真爱。那么，爱一个人就不是占有和控制，你需要给他足够的空间与尊重。就像有人曾经说过的，喜欢是放肆，而爱是克制。

亲爱的姑娘，对于一段感情，不属于你的就不要勉强也不要强留，强扭的瓜从来都不会很甜，而只有你学会了放手，你才能遇到更好、更适合你的人。或许你会认为，做任何事情都需要坚持，亲爱的姑娘，没错，做任何事情都需要我们学会全力以赴，但是，如果你发现你拼尽全力坚持了很久以后，还是没有达到你的预期，这时，果断地放弃与及时地转身才是最正确的选择。

亲爱的姑娘，私以为，一个人最好的生活状态就是该工作的时候好好工作，该玩的时候也能尽情玩耍；看见优秀的人懂得欣赏而不嫉妒，看到不如自己的人也不轻视。有自己的生活圈，也会有自己的小情绪，在发现我们没有办法改变世界的时候，只需要调整好自己的心态努力活出自己。没人爱时，专注自己；有人爱时，我们也能够有能力互相拥抱彼此。对待追星这件事情，其实也是一样。我们要首先努力成为独立的自我，然后才有可能得到别人的欣赏与尊重。一个连自我都没有的人，又何来的被尊重与喜爱呢？你喜欢的明星会没有自己的主见与独立的人格吗？你喜欢他，你深爱他的点不都是他独立人格所散发出来的独特魅力吗？

亲爱的姑娘，永远不要为了追星而失去自我的独立人格。我们生活的世界总是变化太快，我们所处的生活也总是有着太多的不确定。曾经你所坚信的爱人的誓言都有可能在瞬间消失不见，又何况是你怎么也触摸不到的遥远明星呢？只有我们学会经营自己，将自己的个人品牌漂亮地打出去，才有可能受到别人的瞩目。毕竟，凡事只有努力靠自己才能真的无惧艰辛！过度地依赖别人，主动权永远都在别人的手中，即便得到上天的垂怜，让你有幸得到心中所想，这样的得到与拥有又能持续多久呢？你挥之不去的诚惶诚恐又该拿什么来拯救呢？亲爱的姑娘，请你记住，在任何情况下，我们都需要守住自己的底线。而在追星这件事情上，保持自己独立的人格就是我们最后的底线，一个人做任何事情只有守住了底线才能守住自己的尊严。我们可以不被喜爱的人重视，但是绝对不能够被藐视；我们允许这世界上的人对我们有误会的存在，但是绝不允许被平白无故地泼脏水；我们可以接受别人的当面指责，但是绝不允许他们在我们的背后瞎议论；我们可以接受挫折，可以接受批评，但是绝不允许自己接受侮辱。

成长中，坚决抵制性侵害

在中国，性爱是个敏感话题。很多人都是谈性色变，似乎是在讨论什么不得了的事情。但其实，人类作为高等自然生物，性爱只是人类欲求的一部分。我们并不鼓动性爱享受论，我们只是想告诉更多的好姑娘正确的性爱观念以及该如何保护好自己。近年来，有关女孩被性侵的新闻屡见不鲜。一方面可以反映出犯罪分子对于法律的漠视和道德的沦丧，使他们向无辜的女孩伸出了“魔爪”；而另一方面却也暴露了父母以及学校对于女孩成长过程中性教育的缺失。因此，从自我出发，保护好自己，迫在眉睫。

中国人民公安大学教授王大伟的一篇《告诉女孩，身边也有大灰狼》的微博长文火了，因为文章中讲述了1周之内发生的3起女孩被性侵

的案件，让人触目惊心：周一的时候，11岁的女孩小西就在自家门口玩，被一个说带她去吃火腿肠的叔叔骗到山上实施了性侵。而更令人气愤的是，凶手害怕小西已经长大，以后能够指认出她，便残忍地戳瞎了她的双眼。可怜的小西还以为自己并没有瞎，叫嚷着要快点治好眼睛，要去北京天安门去看升国旗；周三的时候，3个8岁的女孩被人骗去看飞机，结果3人都被性侵；周四的时候，一名女孩遭遇陌生男子入室性侵，在反抗时一时情急从三楼跳下，结果将腰摔折。每每看到诸如此类女孩被诱骗性侵的新闻时，我们的内心总是感到一阵阵揪心的疼痛。为什么在现代发展如此迅速的时代，还是会有这么多令人感到不可思议的事件发生。我想，究其根本，一方面是实施性侵犯罪的成本实在太低，而另一方面也是因为我们对于下一代的性爱教育太过落后，导致很多女孩直至成年都还是没有一个正确的性爱观念。因此，我们必须加强自身的安全教育，首先从自我做起，保护好自己，最终慢慢推动整个社会的进步与发展。

亲爱的姑娘，坏人是永远不会觉得你年纪小的，在成长过程中，我们不仅要时刻提防来自陌生人的伤害，还得小心熟人的“黑手”。亲爱的姑娘，千万不要以为这事离我们很远。知人知面不知心，你永远都不会知道，都有谁正在策划着要伤害你。邻居、陌生的朋友，甚至是亲人、老师都有可能成为幕后黑手。而我们，面对这样的悲惨现实，既然没有办法改变，就需要从自身出发，做好预防性侵犯的准备，在我们的成长过程中，坚决抵制性侵害。

抵制性侵害需要我们了解相应的防性侵知识，不让除父母、医生以外的任何人以任何借口触碰自己的隐私部位。学会识别别人的不当行为并勇敢说“不”。面对年纪比自己大很多的长辈，正确区分疼爱与性

侵犯的不同行为。亲爱的姑娘，请你切记，抵制性侵犯最基本的原则就是从生活中的小事情开始做起，从生活细节中建构我们身体与他人的界限。最为重要的是，亲爱的姑娘，如果你不幸遭遇了性侵，一定要保持冷静，先确保自身的安全。事后及时、勇敢地告诉家长，告诉警察，严惩伤害你的凶手。只有通过法律的严惩，才能更好地惩戒坏人，保护好更多需要保护的同龄人。

离家容易回家难

韩剧《1988》里面曾经有这么一段情节：德善的父母一共生养了三个子女，德善排行老二，上面有一个姐姐，下面有一个弟弟。于是，德善作为悲催的老二，经常是父母忽视的对象。由于家里的经济条件比较差，德善一家人的生活总是节衣缩食的。德善的姐姐跟德善的生日是同一个月份，相差没有几天。于是，每年过生日的时候，父母总是会在姐姐过生日的当天买回一个生日蛋糕，点上蜡烛庆祝，然后在姐姐许完愿望之后将蛋糕上的蜡烛去掉三根，再让德善许下一个愿望，这样便算是给德善过完生日了。而德善总是非常不情愿，因而她每年的生日愿望都是来年可以过一个自己的生日，拥有一个自己的生日蛋糕。但是尽管如此，德善从未如愿过，直到她结了婚有了自己的家庭。诸如此类的事情还有：爸爸非常宠爱弟弟，虽然家里经常揭不开锅，爸爸却总是在下班后进家门之前偷偷给弟弟买一支雪糕品尝，却从来没有德善的份。有一天，德善家居住的地下室在半夜的时候突然发生了火灾，危难之际，爸爸妈妈背着熟睡的姐姐和弟弟逃了出来，正在庆幸一家人都安然无恙

之际才突然想起来没有人喊德善。而当满脸黑灰的德善自己爬出来的时候，看到爸妈背上的姐姐和弟弟，脆弱的德善终于忍耐不住号啕大哭。我想，那时的德善一定是心酸而落寞的。身为家中的老二，没有老大的备受瞩目，也没有老幺的备受宠爱，德善总是家里被遗忘的那一个。为此，德善不知有过多少次离家出走的冲动与心酸。

亲爱的姑娘，在我们的成长过程中，肯定也跟德善一样，因为这样那样的原因有过无数次想要离家出走的冲动。但是，正如德善的爸爸后来向德善表达歉意的时候说的那一番话一样。亲爱的姑娘，我们每个人的人生都只有一次，爸妈也都是第一次为人父母，总会有做得不尽如人意的地方。如果有第二次的机会，爸妈一定会做得更好。但是可惜的是，人生从来没有再来一次的机会。所以，如果爸妈有做得让你不高兴的地方，尽管放心大胆地告诉爸妈，而不要憋在心里什么都不说，然后暗自生父母的气，最后赌气离家出走。亲爱的姑娘，父母可能是我们最无能为力的存在，作为普通人类的他们或许也会有着这样那样的优缺点。如果生活中发生了一些令你动摇对他们信心的事情，请你学会放下，并告诉自己：不论发生何种极端情况，父母一定是这世界上最不想让你受到伤害的那两个人。尽管他们有着不可避免的缺点，但是你们之间强大的血缘亲情却不容置疑。

在电影《3096天》中，10岁的女孩娜塔莎因为某天晚上陪父亲去酒吧的事情被母亲知晓而受到了母亲严厉的斥责和巴掌，生气委屈的娜塔莎便自己背着书包跑出家门去上学。而令娜塔莎和母亲没有想到的是，这一分别就是3096个日夜。

年仅10岁的娜塔莎被一个早已盯上她的“变态男”沃尔夫冈掳走了。沃尔夫冈是刚被西门子辞退的工程师，他早在三个月前就盯上了娜塔莎，在自己家地下室里挖了一个长2.7米、宽1.8米的地牢，用来囚禁她。一开始他并没有伤害娜塔莎，而是不断地给她灌输父母并不喜爱她的思想，终于，年幼的娜塔莎被洗脑成功，不再反抗甚至抵触他对她的囚禁。而当娜塔莎学会了完全服从并依赖他以后，12岁的娜塔莎就变成了沃尔夫冈的奴隶，为他洗衣做饭，做一切他需要她做的事情。而失去了自我的娜塔莎一旦没有令沃尔夫冈完全满意便会遭到他的羞辱与殴打，有时候一周中要被他殴打200次，每一次的殴打娜塔莎都会在自己的日记本中记录下来。为了防止她逃跑，沃尔夫冈剃光了娜塔莎的头发并让她在家里半裸着干活。怕她有力气逃跑便不给她吃饱饭，每天还用传音电话对她一遍一遍地洗脑：服从我，服从我，服从我……常年遭受生理折磨与心理折磨的娜塔莎像一只被驯服的动物一样，对待绑架她的沃尔夫冈从最初心底里极端的恐惧变成了本能的依赖，患上了严重的“斯德哥尔摩综合征”，每天最大的希望就是只要不遭受虐待就好。

所以，亲爱的姑娘，离家出走是一件很容易却充满危险的事情。或许某一天，正处在叛逆期的你自以为受到了莫大的屈辱，便决定愤然离家表达你的抗议；或许某一天，少不更事的你自以为已经长大，父母已经跟不上你的节奏，便斗志昂扬、兴高采烈而去；或许有一天，因为自己所谓的真爱不被父母认可，便决绝地同父母决裂，以此威胁并誓死捍卫你所认为的真爱。但是，亲爱的姑娘，请你相信，无论是生活中的何种境况，离家出走必定是你与父母之间最令人心痛的极端，而你将遇到的世界一定不会是你所认为的那个样子。所以，请不要轻易决定离家出走，你曾经认为无所不能的父母，面对自己无可奈何的软肋，他们比谁都脆弱，比谁都心痛。而更为重要的是，有很多危险一旦遭遇，便是不可逆转的永远。

面对性生活，女孩必须保护好自己

亲爱的姑娘，有关偷食禁果、混乱性生活的后果，你能想要的最坏、最极端的结果是什么？是沟通完之后再也联系不上？还是被分手然后恰巧怀孕？还是发现对方已有家庭，你被第三者？

其实以上列举的都可以算得上是很严重的后果，放到任何一个姑娘身上都将会是一个不小的打击，但是，亲爱的姑娘，你知道吗？这还不是最严重、最恐怖的后果。

初次听到这个故事的时候，我整个人都在发抖，我多么希望这个故事只是一些为了哗众取宠、博人眼球的博主随意捏造出来的故事，于是我本能地开始质疑这个故事的真实性。然而，在证实这个故事的真实性之后，我犹疑了一下并开始思考，到底是什么原因让这些人变得如此冷漠、变态乃至丧心病狂，而我们又该如何保护好自己避免遇到他们？

亲爱的姑娘，以前我说过，这个世界上真的有禽兽存在。现在我想告诉你，这个世界上比禽兽更可怕的是那些想要恶意报复社会的人，他们的出现所造成的后果往往比那些禽兽还要严重，还要恶劣，因为只有这样，他们大概才能安慰到自己，才能让自己感到一丝满意吧。而我要讲的新闻就发生在他们身上，亲爱的姑娘，千万不要以为他们离你很远，等你读完下面的新闻，你会发现，他们简直防不胜防。

第一则新闻：英国一个26岁的小伙子在得知自己被同性伴侣感染了HIV病毒之后，眼看治疗无望，于是开始疯狂地出入各种娱乐场所“约炮”。在不到1年的时间里，他“成功”地将病毒传染给了10位男女。在每次发生关系之前，他都要求不做安全措施，而如果对方必须要求，他就会想尽办法弄坏安全套。并且在每次事后他都会发短信给对方：“你可能很快就会发烧了哦，因为我有艾滋，还传染给你了，哈哈哈。”而最令人气愤的是这个小伙子最后被逮捕的时候还是一脸得意的笑，丝毫没有悔改之意。亲爱的姑娘，你以为这样的人只出现在国外吗？只是他一个人的个别行为吗？答案很明显是否定的。

第二则新闻：一个成都的姑娘在某个社交软件上认识了一个长相帅气的男生，两人相聊甚欢，于是一拍即合就约着出去开房。事后，姑娘过生日的时候，那个男生快递过来一个很大的盒子。姑娘满心欢喜地打开，结果里面是一套崭新的寿衣。令人毛骨悚然的是，上面附了一张纸条，写着：欢迎加入艾滋俱乐部。姑娘一开始以为是个玩笑，结果去了医院检查之后发现，一切都是事实，她的确为那次的一时之快付出了生命的代价。亲爱的姑娘，你能想象得到，从人生的大喜到大悲，成都这位姑娘的内心经历的翻江倒海、悲痛至极以及欲哭无泪吗？

亲爱的姑娘，这样的话题很沉重却是客观事实，我们并不想要让你惧怕接触社会，只是想要告诉你这世界上的确有很多我们无法预料到的危险，而我们想要更好地生活生存下去，就必须学会保护好自己。其实很多艾滋病人也都是被另一半传染之后，人生变得没有目标，觉得命运对自己实在不公，而更糟的是现有社会中对他们群体存在的冷漠与歧视，都在无形之中加剧了他们内心的扭曲与极端心态。于是他们决心报复社会，为此专门形成了一个小规模的组织，选择用骗婚的方式来达到目的。他们互相交流经验，想办法隐瞒自己的身份把姑娘骗到手，甚至让女人给自己生孩子，而孩子生下来以后该怎么办，他们并不关心，只是想要完成自己的心愿。

亲爱的姑娘，我们并不是要恐艾，也不是要排挤和歧视艾滋病人。但是，他们的悲剧不应该是由我们来安慰，我们需要更好地保护好我们

自己，因此，亲爱的姑娘，请你谨慎面对性生活。遇到了生命中的另一半并决定走入婚姻的时候，性生活和谐是婚姻幸福的必备条件之一，所以，我们并不推崇绝对的灭人欲，但是，亲爱的姑娘，为了对你自己负责，对你的家人与另一半负责，请你做好安全防护。无论在什么情况下，安全防护都是非常必要且重要的。亲爱的姑娘，人生总是会有很多我们无法选择避而不见的事情，但是很多时候，面对一个群体，你想要去了解和关爱的时候，从客观实际出发，成本的确太高，甚至会面临一定的安全隐患。所以，私以为，对于我们普通人来说，我们应该选择敬而远之，毕竟远离和逃避的成本才是最低的。

第 10 章

网络骗局花样多，理智对待躲灾祸

网络可以说是我们人类世界自21世纪以来最伟大的发明。因为有了网络，我们的人生变得更加丰富多彩；因为有了网络，我们缩短了世界各地之间的沟通距离；因为有了网络，我们每天都能够了解到更多数不尽的行业资讯。但是，也正是因为有了网络，对于缺乏自制力、分辨力的一些群体来说，人生也正在变得危机重重，并且发生得猝不及防。

校园网贷，你不可不知的大坑

南山警方破获一起校园“套路贷”诈骗案，刑事拘留该团伙犯罪嫌疑人13名，其中侵害对象竟然牵扯到300多名省内外高校学生，涉案金额高达1012万余元……不知道从什么时候开始，校园借贷引发的学生自杀、卖淫事件变得越来越多，引起了社会的广泛关注。翻开新闻中有关这些事件的评论，评论中充斥着抨击与同情，抨击这些女孩因贪慕虚荣、无知，同情她们要用余下的青春来还债。亲爱的姑娘，校园贷确实有助于帮助学生时期的我们进行提前消费，实现一些目的。但同时校园贷也有着巨大的风险需要我们了解，例如，借款的规则是怎么样的，你真的弄懂了吗？在借款时你有考虑过以后要怎么还上这笔钱吗？如果这笔钱没有及时还上会有什么后果吗？亲爱的姑娘，希望下面这个故事能够给你一些提醒与警示。

雨舒是一名正在深圳某高校就读的大二学生。她平时喜欢购物，花钱大手大脚，经常透支信用卡，还向身边的同学朋友借钱。去年的某一天，雨舒一次偶然的机会认识了一个自称是她学姐的欧某。两人都喜欢逛街，经常相约一起出去游玩，在雨舒急需用钱的时候，欧某很豪爽地说自己可以借钱给她，但是要收取利息。于是雨舒首先就借了500元应

急，分5天还，每天还600元。借500元还3000元，雨舒不仅没有觉得自己被坑，反而认为她这个学姐有钱又很仗义。写了欠条之后，欧某很爽快地就直接微信转账给了她，值得庆幸的是，之后，雨舒陆续还上了欠款。

但是没过多久雨舒又缺钱了，这时她想起了上次借钱给她的欧某，打算借6000元钱先缓缓。这时，欧某告诉雨舒，借钱没有问题，但是不能再按照上次的利息了。现在雨舒想要借钱，可以分6天还清，但是每天要还2000元，并且每天要在12点之前进账，逾期的话就要按照小时累计利息，每超过1个小时就要加500元，雨舒觉得利息太高，但还是咬咬牙借了。祸不单行，这次的还款计划并不是很顺利，雨舒的账面利息日益增高。这时，欧某找到雨舒，主动告诉她还钱的“诀窍”——通过其他网络平台借钱还利息。就这样，雨舒不敢告诉家里人自己欠了这么多钱，走投无路之下在另一个网络借贷平台借款了3.6万元，平了之前欠欧某的借款。雨舒没有想到的是，自己最初只借了6000元钱，最终却变成了7.2万元，并且利息还在每天往上滚。最终，雨舒的债务达到了12万余元。

这已经完全超出雨舒的还款能力，雨舒还不上钱，催款人很快就找到了雨舒的家里。原来，当初雨舒在借贷平台上签订借款合同的时候，平台需要雨舒提供家庭地址以及5个直系亲人的联系方式，没办法，最后家里人帮雨舒还了4万元。但这时，催款并没有停止，催款人开始利用各种手段催款，雨舒的家人全部都被骚扰，每天甚至能接到上百个电话。最后，催款人告诉他们如果没钱就要拿他们的房子作为抵押或者让雨舒去他们安排的场所去上班用工资抵扣借款。这一提议让雨舒的家人十分震惊，他们开始意识到这件事情并没有借钱那么简单，最后，家人决定带着雨舒去报警。

亲爱的姑娘，你有没有发现这些所谓的借贷平台签订的合同根本就是不平等条约。这些违法犯罪分子利用学生时期的你们对法律知识的空缺，利用你们对于金钱消费观念的缺失与面对诱惑的薄弱意志，利用你们在走投无路之后面对家长的胆怯，一步步地将你们套入越来越深的“借款大坑”，最终用你们以及家人的血汗钱填饱他们的贪欲。所以，亲爱的姑娘，请避免在这些不正规的网络平台上进行借款操作，你永远都不知道你借来的几百块钱最终会变成你人生中多大的悲剧。

亲爱的姑娘，请你牢记天下永远没有免费的午餐，你无可奈何借下的钱财账目并不可能无缘无故消失，因为欠下的总归是要偿还的。而无论是让他人的索取，还是良知的谴责，只要你还有最基本的认知，都会让你惶惶不得终日。但是，如果我们选择依靠自己，即便徒步探索，赤手空拳，虽然艰难，但是却胜在心安。而心安了，人生才有可能是我们自己的。

网络交友，危险几何

生活在如今信息爆炸的大数据时代，互联网可以说是现代社会生活的必需品。而随着互联网的发展，尤其对于青春正盛的学生群体，网络交友早已变成一种习以为常与社交时尚。的确，网络交友可以帮助我们跳出世俗的交友观束缚，为我们开辟出一个崭新的交际渠道，拓宽我们的交际范围。因为你们素未谋面，所以他可以是你想象中的任何样子，或是高大帅气，或是多情暖人，你可以将自己的心事完全袒露给对方而无所顾忌；你也可以随心所欲地倾诉自己遭遇的一切不公平，以此获得安慰与调节；你更可以随时随地畅所欲言而不必担心你们是否会因为共同的利益冲突而互相猜忌。但是，亲爱的姑娘，在你享受网络交友带来的愉悦的同时，也请不要忘了网络与生俱来的虚拟性。就好比“水中月、镜中花”，网络交友因为有了“远距离”以及“虚拟性”的加持，很多时候，你所看到的并不能完全代表真实的对方。

2017年2月，陕西的吴女士在微信上通过微信群认识了一个名叫小新的网友。两人聊得很是投机，吴女士以为自己结交到了一个好朋友。结果却没想到，就是她以为的这个好朋友，却让她陷进了骗子精心设计的圈套，最终被骗去了34万元之多。当时，吴女士在加了小新的微信之后，两人聊得很是投机。看看小新的朋友圈，吴女士发现，里面展现的全是让自己羡慕的惬意生活。吴女士一开始还并不清楚小新的职业，随着两人聊天交情的日益加深，在后来的一次聊天中，小新向吴女士介绍了一个叫作“重庆时时彩”的网上彩票，并自称有内幕消息，说是感觉跟吴女士聊得投机，可以带她一起赚钱。小新还说，自己现在生活富足，也多是从这个项目里面赚到的钱。

吴女士听了之后心动了，前前后后投资了有五六千元，结果却净赚了四千多元。而自己一个月辛辛苦苦地上班，有时赚的都没有这么多。尝到了甜头的吴女士对重庆时时彩开始深信不疑，不仅将自己的10万元存款全部投入，还在小新的指导下从网上的很多平台进行了贷款。然而这一次，吴女士却再也没有赚到钱。钱都投进去了，却血本无归。小新也联系不上了。这时，吴女士才如梦初醒，意识到自己被骗了，才选择了报警。

亲爱的姑娘，如果你的微信里有陌生人给你推荐什么赚“快钱”的

方法，不妨直接将其拉黑。骗子的套路虽然花样频出，但其实万变不离其宗，只要记住天上并不会平白无故掉下馅饼，不贪小便宜，就能在很大程度上避免被骗。

亲爱的姑娘，在现实生活中，在我们的真实世界中，想要了解一个人都是一件需要花费很多时间以及很多心力也并不一定能够实现的一件事情，那么，你真的确定我们可以仅仅通过在虚拟网络上的寥寥数语的聊天就能判断对方是一个好人吗？亲爱的姑娘，面对一起生活数年的爱人，在没有一些极端情况的时候，我们都有可能不甚了解对方，更何况是隔着屏幕交谈的网友之间呢？或许你会说，人生当中怎么会有那么多的极端意外呢？但是，所谓患难见真情，我们需要朋友，不正是体现在这些患难的极端时刻吗？当然，亲爱的姑娘，我们并不是危言耸听地想要全盘否定网络交友的全部益处，毕竟，就像硬币的两面，任何事物都不能只有绝对的危害而没有任何的好处。隔着屏幕的两端，即便见不到面，很多时候，通过对方言辞的表达，稍有经验的我们还是可以凭借些许的感觉揣摩到他真实的意图，但是，亲爱的姑娘，这毕竟只能是感觉的揣测，仍旧无法抹去这其中可能存在的诸多风险。因此，亲爱的姑娘，面对网络交友，请你擦亮双眼，做出尽可能正确的判断。不论什么情况，请你记住，生命是一切所有的前提。

亲爱的姑娘，尽管你我并不愿意相信，尽管你我都是善良的主体，尽管我们的世界正在越变越好，但是在一切都还在发展变化中的现实社会，对于任何事情多留一个心眼，多提高一些警惕，总归不会是错误的选择。因此，亲爱的姑娘，在我们不能对某件事情的发展态势了如指掌的时候，在事物正在发展而尚未显露出其风险性的时候，做好有关这件事情的最坏打算吧。所谓希望越大，失望便也越大，当我们自己做好了万全的准备，当我们已经设想过有可能存在的突发意外，当我们已然将一切的风险管控在能够承受的范围之内，人生必定会是另一番模样！

网友见面谨防上当

2017年4月~7月，河南一对表兄弟以聚会为由，专门邀请女同学、女性朋友吃饭。然后，趁其不备，将事先准备好的迷药放入对方杯中。等到对方失去意识之后，就将其带到事先准备好的房间内实施性侵。令人愤怒的是，他们竟然还用手机拍下受害者的不雅照片以及视频作为不允许她们报警的威胁。

2017年7月，17岁的杭州女孩小鱼约见网友见面，喝了男网友给她买的“牛奶”后，陷入昏迷。第二天早上醒来之后发现自己被性侵，并被偷走了手机等财物……

2017年3月，河南安阳一女子与男网友约在KTV唱歌。在此期间，她喝了网友给的“酸奶”，出现了浑身瘫软等症状，被男网友趁机侵犯。

2018年1月，江苏南京的小爱应网友邀请参加一个派对，喝了一杯陌生人递过来的“鸡尾酒”之后昏厥，结果被3名男子性侵。

亲爱的姑娘，面对“熟人”请吃饭，你会拒绝吗？可能绝大部分都不会拒绝，特别是当这些“熟人”的身份是网友、同学、朋友的时候。但，亲爱的姑娘，这些所谓的“熟人”真的是你相熟的人吗？只是因为隔着屏幕聊过好多次就可以被认定为熟人吗？私以为，熟人不仅是你认识他，更应当是你了解他，对他的人品有一定的认知，甚至知道他家中的基本情况，有一定的深交。像网络上交流过很多次，但是现实生活中

从未有过交集的只能被称为“熟悉的陌生人”，而约见这些熟悉的陌生人，亲爱的姑娘，你需要保持一定的警惕性，毕竟知人知面不知心的事情实在太多。面对网络世界的纷繁复杂，我们必须多长一些心眼才能做好预防，避免惨剧的发生。

亲爱的姑娘，如果能够携伴同行，约上自己信任的伙伴一起去见初次见面的网友是最好的事情。如果现场情况不允许，也请在出发之前将自己的行踪告诉家人，并将即将见面人的信息尽可能地告诉家人，以便做好安全防护。此外，约见的地点尽量选择电影院、游乐场、闹市区等既能调节氛围又能确保人多安全的场所。

亲爱的姑娘，你可能不止一次地听说过网络婚恋诈骗，你可能不止一次地被劝告不要轻易相信网络上交到的朋友，但是却不了解这其中的具体原因。首先，你真的能够确定那个一直在网络上跟你沟通交流的对象就是你真实看到的他呢？或者说，你确信他通过朋友圈或者聊天内容呈现给你的都是真实的他吗？而你所不知道的是，其实很多内容都是可以通过盗取伪装而成的。在你简单认为“图片可以是假的，视频总归是真的吧”的常规判断之后，更有一条罪恶的产业链在为这些骗子服务。所以，很多骗子之所以能够假扮男神女神骗走钱财都是盗用了许多网红或者朋友圈照片。打开某宝甚至都能搜索到专门以个人或一个系列的图片来进行标价销售的店铺。因此，在与网友见面之前，不要轻易地相信他提供的任何看似非常真实的信息，更不要轻易地交付自己的真心。

假设很幸运的，亲爱的姑娘，你发现见面的网友与你聊天的网友头像或是照片是同一个人，这时，依旧不能太过大意。到陌生的场合或者不熟的朋友家中去做客的时候，尽量不要喝别人倒好的饮料，特别是如果你们约见的地点是在酒吧里。如果你是现场在吧台购买饮料，也要注意看着工作人员为你打开，倒入杯中，并且亲自递到你的手上。切记一定要喝还没开封或者自己亲手打开的饮料与酒水，广口玻璃杯装的调酒往往是最好下手的饮料，因此，不要让自己的饮料离开自己的视线范围。亲爱的姑娘，任何的所谓信任、不好意思都没有自己的人生安全来得重要。表达亲密以及信任的方式有很多，但是千万不要牺牲自己的安全。

亲爱的姑娘，只有在悲剧面前，我们才能看清楚人性最阴暗的地方：自私、冷漠、无情、恶毒。而这世界上总是有你无法想象的冷漠与恶毒。你没有办法用同样的道德标准去要求其他人与你一样善良单纯，便只能从自我出发，做好你人生中每一步的安全防护。

网络上的各大陷阱

都知道天上不会掉馅饼，但天下却有可能掉下个“侄子”。就在今年的3月，无锡彭女士的“侄子”突然通过微信加自己为好友。这个侄子远在武汉，并且比自己小七八岁，所以双方之间之前的交流并不是很多。没想到在加了对方为好友之后，“侄子”非常热情，凡是彭女士发布的状态必定赞不绝口，在跟自己聊天的时候还亲热地叫着姑姑，最后说自己过两天要到无锡出差，准备顺道拜访一下姑姑，这让彭女士满心欢喜。

第二天，彭女士又收到了“侄子”的语音电话，“侄子”在电话里说因为要给领导办事送礼，身上带的钱不够了，问彭女士能不能先借个1万元钱。彭女士听到对方的声音很是熟悉，更加确信无疑，便爽快地答

应了借钱。彭女士当时手头只有5000元，就先按“侄子”的要求将钱转了过去。没想到过了几天，“侄子”又打电话过来，说上次的事情没有办成，又要给其他领导送礼，还问她再借点钱。彭女士这时才察觉到一些不对劲，编了个借口没有再次借款。“侄子”原先说等办完事就过来拜访自己的，结果彭女士等了半个月也没有等到“侄子”过来的消息，而“侄子”在微信上与自己的沟通也不像以前那样充满热情。彭女士赶忙找出之前存的侄子电话，打过去才发现侄子根本没来无锡，也没有添加过彭女士为自己的微信好友。等彭女士回过神来想要搜索微信中“侄子”的更多信息的时候，才发现，自己早也被拉黑，而自己除了能够记住他的头像之外，其他的任何信息都没有保存。直到这时，彭女士才意识到自己被骗了。

亲爱的姑娘，“猜猜我是谁”说来已经是一个很老的骗术了，之前也有很长一段时间被骗子以各种形式猖獗过，但是没有想到只是换了沟通软件，这样的骗术还是能够得逞。他们通过随机拨打电话或有目的性地盗取受害人亲戚朋友的微信账号，复制他们的信息，伪装成另一个身份与受害人进行远程接触。他们利用受害人对亲戚朋友的信任和疏于防范的心理，打出感情牌，编出各种急需用钱的原因，诱骗受害人向他们提供的银行账号进行汇款。因此，亲爱的姑娘，当有陌生的熟悉人加你为好友的时候，一定要记得核实对方的身份。尤其是当对方提出汇款转账的需求的时候，更加需要提高警惕。

除了上文中说到的通过盗图来伪装成另外一个人骗得远方亲戚的信任进行诈骗，利用年轻人之间纯洁的爱情进行诈骗的更是大有人在。

南京江宁警方就抓获了一名涉嫌以交友名义进行诈骗的嫌疑人王某。王某本身是个相貌平平的胖姑娘，22岁，江宁本地人。但是却通过盗用“网红”女子的照片将自己包装成“美女”“富二代”“艺考生”等诸多“女神”身份，在社交软件、游戏平台中吸引了不少的男网友，通过在网上跟受害人聊天，吸引受害人想要跟她发展为男女朋友关系，进而给她购买礼物，通过微信、支付宝转账等手段达到敛财的目的。直到警方抓获王某，初步调查显示，王某已经通过这样的手段成功骗取到5省9市的10多名男性网友，涉案金额达到了60余万元。她用这些钱给自己买了一辆宝马车，剩下的钱也用于在网上进一步包装自己。而通过民警对王某的审查，发现她最终能够成功得手的一个最主要的原因就在于她从来没有跟这些网友见过面。王某的相貌普通，但是声音却很甜美，她只跟网友语音聊天，用各种借口逃避网友的见面要求，而在与网友的交往过程中，也经常以自己遭受逼债威胁为由借钱。对于一些对她产生怀疑的人，她就花钱购买写着对方名字等信息的短视频来证明自己的身份。

有很多人都喜欢在各种社交软件平台上面更新自己的日常生活状态，公布自己的定位以及正在做的事情以及心情状态。看似只是开心的举动，殊不知，其实这一切都暗藏危机。就好比微信的朋友圈功能，很多人都以为能够泄露自己照片的只有自己的微信好友，但很多人都不清楚的是，朋友圈其实默认是向陌生人开放10条朋友圈的。所以，亲爱的姑娘，不要以为你的微信朋友圈里全是自己的朋友就已经足够安全。你的朋友圈一旦成为陌生人的目标，你又恰巧那么喜欢将所有的一切记录在内，那么被有心人加以利用，想要让你蒙受损失或者让你身边的人产生安全危机简直易如反掌。所以，亲爱的姑娘，网络其实是把“双刃剑”，到处都充满了陷阱。它在给我们带来无限便利的同时，其实我们也损失了更多的隐私以及信息安全，而我们必须更加小心谨慎才能避免掉入各种网络陷阱。

警惕微信中的新骗局，你造吗

随着网络科技的进步与发展，微信已经逐步成为现代主流的沟通交友平台，甚至成为我们的一种生活方式。但是，凡事皆有利弊，我们在享受微信带给我们通信便利的快捷性的同时，也应当注意利用微信漏洞网织的新型骗局。亲爱的姑娘，时代在不断进步，利用微信行骗的骗术也在层层升级，通过以下微信最新骗局案例的呈现，你会发现想要避免被骗，我们只要牢记：天下永远没有免费的午餐，更不要想着贪图不属于自己的钱财。

经过几年微信抢红包的宣传造势，每年过年时的微信抢红包环节似乎已经成为新的过年风俗。但是，亲爱的姑娘，你要知道：并不是所有的红包都是真的。今年1月的时候，山东的张女士刚刚学会了抢红包，对于这一新鲜的娱乐方式，张女士既兴奋又好奇。这天，她在平时的聊天群里收到了一个微信红包，点开后却发现这个红包变成一个页面，还要求填写个人信息。张女士没有多想，就按照页面要求填写了个人信息并输入微信钱包的支付密码。没想到的是，仅仅1分钟之后，她就收到了一条转账信息，提醒她微信钱包中的钱已经被全部转走。原来，张女士所点开的这个红包其实是个超链接木马病毒伪造的假红包。当张女士点开这个红包之后，系统就默认下载并安装了木马病毒，而张女士在页面填写的个人信息以及支付密码等早已通过这个木马病毒被传送至后台。而不法分子只要利用这些信息就可以通过账号密码登录张女士的微信，直接盗走微信内的钱包余额，甚至盗取银行卡内的资金。

亲爱的姑娘，辨别真假红包其实很简单。只要记住一个原则，拆包之后如果能够直接收到现金，必定就是真红包。如果拆开之后不是跳转到微信红包的金额显示界面，这类红包往往就是假红包。此外，对于含有木马链接的假红包，在点击之后，手机系统通常会提示需要下载才可以使用，等到你确认之后，木马病毒才会直接下载到你的手机中并安装。因此，拒绝下载、安装这类软件也是避免落入“红包陷阱”的有效手段。

很多时候，都会有陌生的美女或者帅哥要求加我们的微信好友，一旦加入成功之后，就会被变着花样地推销各种理财产品。亲爱的姑娘，这其实也是一种骗局。

南京警方破获了一起利用微信理财，实则进行诈骗的团伙案，真相令人大跌眼镜。该团伙分工明确，每个内部的“员工”在进入之后都会被培训一两个星期，而不论男女，被培训的内容就是教你如何做女人。首先，他们会从网上收集或购买用户泄露的手机号信息，继而通过用多部手机、外挂批量随机添加用户。而当他们有了你的手机号信息之后，就会将你的手机号码存到自己的手机通讯录中，再从他的微信上添加你为好友。而这些加人的微信号都是提前被包装过的假微信账号。账号的主人看似都是奢侈多金的“白富美”，翻看她们的朋友圈，基本都是一些美食、美景和自拍照。并且她们会利用微信虚拟定位软件，将自己的定位散布在世界各地某个城市的繁华商业街区，或者高档的娱乐场所附近。目的就是在你的心目中营造出她们每日令人憧憬的惬意生活。在你的微信朋友圈中占据数日，逐渐取得你的信任之后，就会开始向你推销所谓的“高收益”理财产品，会让你在一开始的时候尝到非常高的理财

收益，为你制造加倍购买一定能够获得更多收益的美好设想，利用人的贪欲引诱你一步步投入更多，直至输得血本无归。因此，亲爱的姑娘，面对网上各种各样的理财产品，一定要擦亮我们的双眼。

有时，我们会遇到这样的情况：在微信上明明已经点击了收款，但是款项却一直没有转到我们自己的银行账户上，等到时间过了，我们再去联系转账人的时候，却发现自己早已被拉黑。亲爱的姑娘，在这样的情况下，要仔细观察是否是骗子在微信上设置了延迟到账。微信平台为了防止用户会转错账，因而为了方便用户，将转账资金的到账时间设置为实时到账、2小时到账、24小时到账三个选项。这原本是为了方便更多有需要的用户，但是却成为被骗子利用的一个漏洞。于是，经常会有骗子假装先将钱转给你，让你为其刷单等骗局的出现。

亲爱的姑娘，通过了解以上整理的这些骗局你会发现：只有内心对钱财等欲念有所求的人才会有可能成为骗子的诱饵，只要做到心中无所求，便是刀枪不入之身。

网络不是净土，戴好你的防毒面具

在这个大数据的时代，网络是传播信息最快速有效的途径。但不可否认的是，我们在享受网络带来便利的同时，我们也不可避免地遭受到很多网络所带来的负面影响。在这个信息已经爆炸但免费的无线网络还没有完全覆盖的时代，外出在公共场合时，我们总是会习惯性地问“有WiFi吗？”殊不知，很多罪犯也正是利用这一点劫持公共网络或者设置假热点，欺骗受害者登录验证，继而盗取你的支付密码，社交账号等。

在3·15晚会上，360安全工程师模仿犯罪分子伪装无线网络获取现场观众手机的照片和其他重要的信息。现场观众手机都连上指定的无线网络，然后打开自己常用的一两个消费软件，浏览一下过去下单和消费的记录。令人惊悚的是，在现场的大屏幕上，立刻就显示出了各种地址、电话、姓名、身份证号码、银行卡号等私人信息。除此之外，骇人听闻的还有：犯罪分子可以利用通过对无线网络的监视并窃取上网用户的银行账户信息和密码，通过给用户发送钓鱼网站弹窗，从而盗刷用户的信用卡、网银等。因此，亲爱的姑娘，请尽量避免在公共网络登录财务账户，一旦登录，你的所有账户信息就有可能被记录，你的银行卡余额很有可能在极短的时间内就被清空再也追不回来。

除此以外，收到陌生推销短信几乎已经成为我们的生活日常。但是，亲爱的姑娘，陌生短信中的那些欺骗链接千万不要轻易点开。很多时候，面对陌生个人号码的短信，可能我们还会有些警惕性，并不会轻易地上当受骗。但是，对于那些以10086或955XX等开头的看似某些官方客服平台发送过来的短信却容易上当受骗。很多时候，这样的短信内容中都会包含一个所谓的兑换礼品的链接。受害者在收到短信以后，或是出于对银行等官方客服平台的信任，或是出于贪图小便宜的猎奇心理，一旦点开里面的链接，在按要求在信息页面里写上相关的个人账户密码信息之后，几分钟之后，就会被盗刷走自己银行卡内的钱财。

很多姑娘平时都喜欢自拍，再加上自从有了各种社交软件、拍照软件，越来越多的姑娘就开始在自拍的道路上各种放飞自我，越走越远。但是，你不知道的是，亲爱的姑娘，你发上朋友圈的各种美照都很有可能变成骗子和微商用来做诈骗和虚假宣传的工具。现在，我们只要打开手机就可以通过观察对方的朋友圈、微博等社交平台发布的动态来建立

对这个人的初步印象。而正是因为这一点，一些不怀好意的有心人却脑洞大开，居然想到一些歪点子来包装自己。而所谓有利益就会有生产线，更可恶的就是网络上还专门出现一批专门在各种社交软件平台盗取图片和视频，从而打包销售的卖家，有的卖家甚至还能提供配套的100元一个的变声器、20元一条的语音变声服务等。至于出售的目的为何，为什么会有人购买这些信息其实一目了然。

以上的种种信息都告诉我们：网络不是净土，面对网络，我们需要戴上自己的防毒面具。虽说网络时代无隐私，但是我们可以通过提高自己的警惕，形成良好的网购习惯，尽量避免个人信息的泄露。那么，亲爱的姑娘，我们应该怎么做才能尽量避免泄露个人信息呢？首先，私以为，出门在外的时候，尽量不要选择连接陌生的公共场合的网络，如果有实在需要使用大量流量的情况，宁愿选择前去办理网卡来解决。其次，收到短信之后，无论是否是熟悉的号码，短信里面的链接都不要轻易打开，如果有想要了解的活动信息，可以直接登录平台的官方网站去搜索。最后，最为重要的一步就是保护好自己的证件。如果证件不慎丢失，一定要及时去挂失补办，切勿存在侥幸心理。

亲爱的姑娘，任何事物都没有绝对的好与坏，网络也是一样，对于善于利用它来学习提升自己的人来说，网络是免费的大学与商场；而对于自制力比较差、喜欢贪图小便宜的人来说，网络却到处充满了陷阱与深渊。因此，面对网络不是净土，我们必须从自我出发，学会给自己戴上各种防毒面具。亲爱的姑娘，请你记住：解决一个安全隐患可能只需要15秒，但是解决一个安全事故，可能就要搭上我们的一生。

不知不觉间，网络犯罪就会来到你身边

在生活中，我们总是有这样的经历：买房子之后就会不断地接到各大装修公司的推销电话询问是否需要装修；怀孕生完孩子以后，每天都能接到不同的推销宝宝拍照的摄影机构打来的电话以及购买保险、理财等的各种电话；在网上购买产品给了差评之后，卖家如果想要进行报复，首当其冲的就是垃圾短信、骚扰电话狂轰滥炸我们的手机，直至你忍无可忍选择关机或者乖乖同意删除差评信息。明明是素未谋面的陌生人，但是对方却能清楚地知道你的手机号码，有的甚至在电话里直呼我们的姓名，连家庭住址、身份证号码都打听得一清二楚。不知不觉间，我们在现实世界里面，早已成了“透明人”。每月能收到的垃圾信息不下数十条，新买的手机一旦入网便就如同在街上裸奔的感觉，完全没有个人隐私而言。你想要避免，但是却无可奈何，你想要使用的各种软件APP都需要绑定你的手机号码，不绑定就无法使用，任何操作都需要你的实名信息，否则就无法享受各种便利操作。这样的信息安全事实总是让我们防不胜防却又无可奈何，而这一切都为我们指出了当前信息社会存在的一个严重信息安全客观问题：不知不觉间，你的隐私信息早已泄露。只要有心人想要利用，网络犯罪就会来到我们的身边，防不胜防。

有这样一条新闻火了：有人专门出售外卖订餐客户的信息。新闻中指出，外卖送餐信息被指在网上售卖，包括用户姓名、电话、地址（家庭门牌号）等在内的上万条信息被打包售卖，仅需800元。更可怕的是，网络运营公司借助软件收集用户的订餐信息，打包后倒卖给电话销售公司，甚至还有一些外卖骑手也做起了客户信息倒卖的生意，简直细思极恐。新闻中涉及的外卖平台几乎包括我们目前所能想到的所有的订餐平

台，而各大平台也在第一时间表示的确存在用户信息泄露，用户信息被倒卖这样一个客观事实，而他们的安全信息中心也正在积极配合警方调查，极力保护用户的信息安全。

而整件事情的爆发起源于一条被曝光的电话音频，这是一名长期从事电话销售的人员在与记者假扮的卧底之间的对话。在这条音频中，这名成员透露，自己长期出售各种数据，现在手上有北京、上海、广州等一线城市，来自各大外卖平台的客户数据，每一万条售价800元，5000条起售，也就是说平均每条信息不到一毛钱。根据其提供的一份内含5000条信息的表格中显示，被倒卖隐私的用户姓名、电话、性别、具体详细地址都悉数在内。经过警方的粗略统计，在这份5000人的名单中，有一部分来自宾馆、酒店、商场等公共场所。卖家为了表示其数据的真实性，一再保证这是某外卖平台系统内部人员提供的数据，客户信息准确率可以高达100%……整个事件听来都是那么的细思极恐，却是真实就在我们身边每天发生的事情。可以说，生活在现在的大数据时代下，我们拥有更多便利的同时，不得不把我们的一些个人信息交出去，用隐私换取便利这句话可以说是一点也不为过。那么，亲爱的姑娘，我们应该要注意什么才能从网络上保护好自身的安全呢？从这样的事件中，作为我们个人又该反思一些什么呢？

亲爱的姑娘，你有没有发现，其实，不管你是否愿意，网络都在悄无声息地改变着我们大家的生活。在这个出门只带手机就可以生活的时代，一切操作都在向智能化、信息化发展，但同时，不知不觉间，网络犯罪就会来到我们的身边，让我们防不胜防。面对这一切，个人的力量既是渺小的又是不可缺少的，我们只有每个人从个人出发，增强防范意识，才有可能通过众多微小的个体去影响到一个团体，最终促进整个社会的认知与进步。只有我们作为消费者首先提出需求，才有可能被满足。因此，亲爱的姑娘，在个人方面，我们需要尽可能地防止网络犯罪的发生，注意个人信息的保护。在除了必要的需要个人信息的平台之外，尽可能少地在多种不同渠道使用个人信息，且尽量不要赋予各种平台过多的权限。外卖单、机票、火车票、简历等含有自己个人信息的物品尽量销毁之后再扔掉，杜绝任何可能被有心之人利用的可能性。亲爱的姑娘，过度地依赖国家的发展、社会的进步、政府的监管对我们个人短短几十年的短暂光阴来说是绝对不现实的。从个人出发，从现在开始，把握现在，珍惜当下，我们才能成为更好的自己，社会才能更加进步。

参考文献

[1]林深之.女孩，你要好好爱自己[M].桂林：漓江出版社，2015.

[2]马叛，傅首尔，小岩井，等.每一个认真生活的人，都值得被认真对待[M].成都：四川文艺出版社，2016.

[3]吕佳宁.对于自己，你还是个陌生人[M].南昌：江西美术出版社，2017.